KLAUS ARLT / GÜNTER FEYERABEND

HERBIZIDE UND KULTURPFLANZEN

HERBIZIDE UND KULTURPFLANZEN

VON

Dr. KLAUS ARLT

und

Dr. GÜNTER FEYERABEND

Institut für Pflanzenschutzforschung Kleinmachnow
der Akademie der Landwirtschaftswissenschaften
der Deutschen Demokratischen Republik, Abteilung Herbizidforschung

Mit 38 Abbildungen, 47 Tabellen und 2 Übersichten

AKADEMIE-VERLAG · BERLIN

1972

Erschienen im Akademie-Verlag GmbH, 108 Berlin, Leipziger Straße 3–4

Lizenznummer: 202 · 100/507/72
Gesamtherstellung: VEB Druckhaus „Maxim Gorki", 74 Altenburg
Bestellnummer: 5938 · ES 22 F
EDV-Nummer: 761 617 9
Printed in German Democratic Republic

Geleitwort

Die Anwendung chemischer Substanzen aus industrieller Fertigung und Konfektion zur Ausschaltung von Unkräutern, Ungräsern und Unhölzern aus landwirtschaftlichen, gärtnerischen und forstlichen Kulturen hat in den letzten 20 Jahren ständig zugenommen. Die Zahl der zu diesem Zweck entwickelten Wirkstoffe, in der Praxis eingesetzten Präparate, der Herbizid-Kombinationen und Herbizid-Folgen zur Bekämpfung der von Standort zu Standort durchaus variablen Unkrautflora ist selbst für den Fachmann nur noch mit Mühe übersehbar. Dabei ist das Ende dieser Entwicklung noch keineswegs abzusehen, da der Einsatz von Herbiziden anstelle sonst notwendiger mechanischer und manueller Arbeitsgänge in der Regel Zeit und Kosten einsparen hilft und hinsichtlich der Arbeitsproduktivität sehr günstig zu beurteilen ist. Der besonders in Industriestaaten zu verzeichnende Prozeß des ständigen Rückganges verfügbarer Arbeitskräfte für entsprechende Arbeiten in den Kulturen der Pflanzenproduktion fördert die Einbeziehung immer neuer Kulturen in die chemische Bestandespflege gegen unerwünschte höhere Pflanzen. Die für die Zukunft zu erwartende Ausdehnung herbizider Maßnahmen auf das Grünland und forstliche Kulturen wird auf der einen Seite sicher den erwünschten Nutzen bringen, aber auch neue Fragen in toxikologischer und umweltbeeinflussender Richtung aufwerfen. Herbizide sind schließlich doch Pflanzengifte, deren Selektivität gegenüber den zu schützenden Pflanzen mehr oder weniger begrenzt ist. Diese Fragen werden in anderen Kulturarten von größerer Bedeutung sein können, als das bei der Ackerkultur der Fall war, in deren Beständen der Herbizideinsatz in strengen, entwicklungsphysiologisch und wirkungsmechanistisch bedingten Grenzen abläuft und auf zu schützende Florenbestandteile außerhalb der Kulturpflanzen keine Rücksicht genommen werden muß. Es ist das Verdienst der Verfasser, durch Präzisierung der Anwendungsnormen zunächst auf die Schädigungsmöglichkeiten durch Herbizide in den Kulturen der Feldwirtschaft und des Gartenbaus aufmerksam machen zu wollen. Bei späteren Auflagen wird der Blickkreis sicher schon erweitert werden müssen.

Prof. Dr. Alred Hey

Em. Ordentliches Mitglied
der Akademie der Landwirtschaftswissenschaften
der Deutschen Demokratischen Republik

Vorwort

Die chemische Unkrautbekämpfung hat sich in den letzten 15 Jahren zu einer wichtigen Aufgabe des Pflanzenschutzes entwickelt. Im Jahre 1954 enthielt das Pflanzenschutzmittelverzeichnis der Biologischen Zentralanstalt Berlin nur 10 anerkannte Herbizide. Dagegen werden für 1970/71 59 Mittel verzeichnet. Für die meisten Kulturpflanzen stehen heute mehrere Herbizide zur Verfügung. Die Auswahl der geeigneten Mittel und ihre richtige Anwendung setzen fundierte Fachkenntnisse und verantwortungsbewußtes Arbeiten voraus, da mit dem größeren Angebot an Herbiziden auch die Gefahr gewachsen ist, durch Anwendungsfehler die Kulturpflanzen zu schädigen.

Dem Benutzer dieses Buches sollen einerseits Kenntnisse über die herbiziden Wirkstoffe, ihre Anwendungsmöglichkeiten und die Applikationstechnik vermittelt werden. Andererseits soll er in die Lage versetzt werden, Herbizidschäden an Kulturpflanzen richtig zu erkennen und die Symptome zu deuten, um daraus u. a. Maßnahmen zur weiteren Verwendung der betroffenen Kulturflächen und Kulturen einschätzen zu können.

Der erste Teil des Buches beschreibt dementsprechend die Herbizide und ihre Anwendung. Ordnungsprinzip sind die Wirkstoffgruppen. Angaben über Handelspräparate können der Übersichtstabelle entnommen werden. Im zweiten Teil wird eine Zusammenfassung der in der europäischen Literatur z. T. sehr zerstreut vorliegenden Schadensbeschreibungen versucht. Diese sind ebenfalls nach Wirkstoffgruppen geordnet. Neben einer allgemeinen Charakteristik der durch die Wirkstoffgruppen verursachten Schadsymptome werden die an einzelnen Kulturpflanzenarten möglichen Schädigungen beschrieben, soweit sie in der Literatur niedergelegt worden sind. Die mit dieser Literaturzusammenstellung verbundenen Probleme werden einleitend zum zweiten Teil erörtert.

Es werden nur Schäden an landwirtschaftlichen und gärtnerischen Kulturpflanzen behandelt. Deshalb bleiben auch im ersten Teil die Herbizidanwendung auf dem Grünland, die chemische Grabenentkrautung und die chemische Unkrautbekämpfung in der Forstwirtschaft unberücksichtigt. Der Herbizideinsatz im Feld- und Gartenbau, die nicht selektive Unkrautbekämpfung und die Applikationstechnik werden in Anlehnung an die 2. Auflage der URANIA-Broschüre „Empfehlungen zur chemischen Unkrautbekämpfung" (Hamann u. a. 1969c) dargestellt.

Die Angaben zur Toxikologie der Herbizide beschränken sich auf die Nennung der LD_{50}-Werte für Ratten, die Einordnung in die Giftabteilung sowie Hinweise zur Fisch- und Bienengefährdung. Das Problem der Herbizid-Rückstände in Ernteprodukten wird nicht berührt. Es wird eingehend von MAIER-BODE (1970a, b) behandelt.

Wir hoffen, daß das Buch den Anwendern von Herbiziden wie auch den Begutachtern von Schäden Informationen und Hilfen für ihre Arbeit geben kann. Wenn es möglich ist, auf diese Weise die Sicherheit der Herbizidanwendung zu vergrößern, dann ist ein wesentliches Ziel dieser Veröffentlichung erreicht. Wir wissen, daß nicht alle Fragen eine Antwort finden werden. Deshalb bitten wir alle Benutzer dieses Buches um Hinweise und Mitteilungen über noch unbekannte Schadensfälle und Schadbilder.

Zu Dank verpflichtet sind wir besonders Herrn Prof. Dr. M. KLINKOWSKI† für die Anregung und die kritischen Hinweise zur vorliegenden Veröffentlichung, aber auch unseren Kollegen und Mitarbeitern für die tatkräftige Unterstützung bei der Bearbeitung des Manuskriptes.

Kleinmachnow, Dezember 1970 — Die Verfasser

Inhaltsverzeichnis

Erster Teil: Die herbiziden Wirkstoffe und ihre Anwendung

Erster Teil: Die herbiziden Wirkstoffe und ihre Anwendung

1. Bedeutung der Herbizide

Die chemische Unkrautbekämpfung wird allgemein als jüngster Zweig des Pflanzenschutzes bezeichnet. Bereits um die Jahrhundertwende wurden Chemikalien, wie Kupfersulfat, Eisensulfat, Schwefelsäure und Natriumchlorat zur selektiven Unkrautbekämpfung im Getreide empfohlen und angewendet. Die ersten Versuche zur Verwendung von Dinitrophenolen und Kresolen begannen 1932/33 in Frankreich. Im Jahre 1941 wurden die herbizide Wirkung von wuchsstoffähnlichen Substanzen, wie 2,4-D und MCPA, und das Propham entdeckt. Nach dem 2. Weltkrieg lief die industrielle Produktion dieser Wirkstoffe an.
Zunächst konzentrierte sich das Interesse fast ausschließlich neben Futterpflanzen und Grünland auf die chemische Unkrautbekämpfung im Getreide. Erst ab 1958/59 traten Herbizide für andere Kulturen, wie Zuckerrüben, Kartoffeln, Gemüse, Obst und Wein stärker hervor. Das waren vor allem Bodenherbizide aus den Gruppen der Carbamate, Triazine und Harnstoffderivate oder andere, wie Pyrazon für Zuckerrüben (ELLIOT u. a. in FRYER und EVANS 1968).
In der DDR erhöhte sich der Anteil der herbizidbehandelten landwirtschaftlichen Nutzfläche innerhalb weniger Jahre z. T. erheblich. Von 1964 bis 1968 wurde die behandelte Anbaufläche z. B. bei Wintergetreide von 28,5 auf 46,6%, bei Sommergetreide von 67,8 auf 83,1%, bei Zuckerrüben von 4,1 auf 26,1%, bei Kartoffeln von 5,9 auf 45,6% oder bei Obstanlagen von 8,1 auf 21,2% erweitert (BÄR, in HAMANN u. a. 1969c). Für die Anwendung und optimale Wirksamkeit ist die Selektivität der herbiziden Wirkstoffe eine wichtige Eigenschaft. Unter bestimmten Bedingungen sollen ein- oder mehrere Kulturpflanzenarten geschont, gleichzeitig aber eine bestmögliche Unkrautvernichtung erreicht werden. Echte Selektivität, die auf biochemisch-physiologischen Unterschieden zwischen Kulturpflanze und Unkraut beruht, ist wünschenswert, aber nicht häufig. Bekannte Beispiele sind die Verträglichkeit von Mais gegen Simazin und der Leguminosen gegen 2,4-DB. Besonders schwer ist die echte Selektivität zu verwirklichen, wenn Kulturpflanzen und häufige Unkräuter eng miteinander verwandt sind, d. h. der gleichen Familie (Chenopodiaceen, z. B. *Beta*-Rüben und Gänsefuß- bzw. Meldearten) oder der gleichen Gattung (*Avena sativa* und *Avena fatua*) angehören.
Meist beruht die Selektivität der Herbizide auf verfahrenstechnischen Unterschieden. Durch Ausnutzung morphologischer Unterschiede zwischen Kulturpflanze und Unkraut (z. B. Getreide — breitblättrige Unkräuter), relativ toleranter Entwicklungsstadien der Kulturpflanzen zum Zeitpunkt der Applikation,

unterschiedliche Tiefenlagen und zeitlich getrenntes Auflaufen von Kulturpflanzen- und Unkrautsamen oder Schutzvorrichtungen bei der Herbizidapplikation (Torpedospritzverfahren) kann eine weitgehende Schonung des Kulturpflanzenbestandes erreicht werden. Gerade dadurch aber erfordert die Herbizidanwendung gegenüber anderen Pflanzenschutzarbeiten besonders präzis, umsichtige und sachkundige Arbeit.

Es muß aber auch beachtet werden, daß bei der schnellen Entwicklung der chemischen Unkautbekämpfung die Anwendungspraxis den Kenntnissen der Grundlagenforschung gegenüber einen Vorlauf hat. Nicht alle praktischen Maßnahmen sind daher schon vollständig wissenschaftlich begründet und damit risikofrei. Das ist ein Grund mehr, sich bei der Herbizidanwendung eng an die gegebenen Erfahrungswerte zu halten.

Tabelle 1 Übersicht der nach Wirkstoffgruppen geordneten Herbizide

Phenoxyfettsäuren

Kurzbezeichnung / Chemische Bezeichnung	Löslichkeit in Wasser mg/l / Akute orale LD 50 für Ratten mg/kg	Giftabteilung / Bienengefährdung / Fischgefährdung	Formulierungen / Wirkungsart	Präparate mit Wirkstoffgehalt in %
MCPA	825	–	Spritzpulver	SYS 67 ME 95 Herbicid Leuna M 90 SYS 67 Komadam 95 komb. mit 2,4-D SYS 67 Omnidel-Kombi 100 komb. m. Dalapon
2-Methyl-4-Chlorphenoxyessigsäure	700· ·800	nein nein	überw. translokales Blattherbizid	
2,4-D	625	–	Spritzpulver Stäubemittel, Konzentrat in wässr. Lösung Emulsionskonzentrat	Spritz-Hormit 86 Stäube-Hormit 5 Spritz-Hormin 56 Spritz-Hormest 66 FHEO/5 20 SYS 67 Komadam 95 komb. mit MCPA Selest insg. 40 Selest 100 insg. 100 komb. mit 2,4,5-T
2,4-Dichlophenoxyessigsäure	400· ·666	Präp. 1 nein Präp. 1 nein	überw. translokales Blattherbizid	

Tabelle 1 (Fortsetzung)

Kurzbezeichnung / Chemische Bezeichnung	Löslichkeit in Wasser mg/l / Akute orale LD 50 für Ratten mg/kg	Giftabteilung / Bienengefährdung / Fischgefährdung	Formulierungen / Wirkungsart	Präparate mit Wirkstoffgehalt in %
2,4,5-T	251	—	Emulsionskonzentrat	Selest insg. 40 komb. mit 2 4-D Selest 100 insg. 100 komb. mit 2,4-D
2,4,5-Trichlorphenoxy-essigsäure	300···500	ja ja	translokales Blattherbizid, das durch Lösungsmittel auch durch die Rinde eindringt	
2,4,5 -T	251	—	Emulsions-konzentrat	Selest insg. 40 komb. mit 2 4-D Selest 100 insg. 100 komb. mit 2 4-D
2,4,5-Trichlorphenoxy-essigsäure	300···500	ja ja	translokales Blattherbizid das durch Lösungsmittel auch durch die Rinde eindringt	
Mecoprop	620		Konzentrat in wässr. Lösung	SYS 67 M PROP 66 Actril C insg. 30 komb. mit Ioxynil
2,4-Dichlorphenoxy-propionsäure	930		translokales Blattherbizid	

Dichlorprop	3500		Konzentrat in wässr. Lösung	SYS 67 PROP 64
2,4-Dichlorphenoxy-propionsäure	800		translokales Blatt-herbizid	
MCPB	44	—	Spritzpulver	SYS 67 MB 95 bzw. SYS 67 MEB insg. komb. mit MCPA
2-Methyl-4-chlorphenoxy-buttersäure	680	nein nein	translokales Blatt-herbizid	
2,4-DB	46	—	Spritzpulver	SYS 67 B 95
2,4-Dichlorphenoxy-buttersäure	700	nein nein	translokales Blatt-herbizid	
Phenolderivate				
DNOC	130	II	Spritzpulver	
2-Methyl-4,6-dinitrophenol	7···40	ja ja	überw. Blatt-herbizid mit Kon-taktwirkung	Hedolit-Konzentrat 85

Tabelle 1 (Fortsetzung)

Kurzbezeichnung / Chemische Bezeichnung	Löslichkeit in Wasser mg/l / Akute orale LD 50 für Ratten mg/kg	Giftabteilung / Bienengefährdung / Fischgefährdung	Formulierungen / Wirkungsart	Präparate mit Wirkstoffgehalt in %
Dinoseb	1000	II	Emulsionskonzentrat	Gelbon 20 Dinoseb 20 20
2-sec-Butyl-4,6-dinitrophenol	15···50	ja ja	überw. Blattherbizid mit Kontaktwirkung	
Dinosebazetat	2200	II	Spritzpulver Emulsionskonzentrat	Aretit 40 Aretit flüssig
2-sec-Butyl-4,6-dinitrophenylazetat	55	ja ja	überw. Blattherbizid mit Kontaktwirkung	
Nitrofen	0 7···1 2		Emulsionskonzentrat	TOK E-25 25
2,4-Dichlorphenyl-4-nitrophenyläther	3050		überw. Bodenherbizid aber auch Blattherbizid mit Kontaktwirkung	

Triazine				
Simazin	5	—	Spritzpulver	Unkrautbekämpfungsmittel W 6658 50 Uvon-Kombi 33 insg. 55, komb. mit Prometryn Azaplant-Kombi insg. 60, komb. mit Amitrol
2-Chlor-4,6-bis-(äthylamino)-s-triazin	5000	nein nein	Bodenherbizid	
Atrazin	70	—	Spritzpulver	Wonuik 50
2-Chlor-4-äthylamino-6-isopropylamino-s-triazin	3080	nein nein	Bodenblattherbizid	Tervex insg. 60, komb. mit Amitrol
Ametryn	185		Spritzpulver	
2-Methylmercapto-4-äthylamino-6-isopropylamino-s-triazin	1405	nein nein	Blattherbizid mit Kontaktwirkung Bodenherbizid	
Prometryn	48	—	Spritzpulver	Uvon 50
2-Methylmercapto-4,6-bis-isopropylamino-s-triazin	3150···3750	nein nein	Blatt-Bodenherbizid	Uvon-Kombi 33 insg. 55, komb. mit Simazin

Tabelle 1 (Fortsetzung)

Kurzbezeichnung / Chemische Bezeichnung	Löslichkeit in Wasser mg/l / Akute orale LD 50 für Ratten mg/kg	Giftabteilung / Bienengefährdung / Fischgefährdung	Formulierungen / Wirkungsart	Präparate mit Wirkstoffgehalt in %
Desmetryn	580		Emulsions-konzentrat	Topusyn 20
2-Methylmercapto-4-methylamino-6-isopropyl-amino-s-triazin	1 390		Blattherbizid	
Propazin	8,6	—	Spritzpulver	Probanil insg. 28, komb. mit Chlorpropham
2-Chlor-4,6-bis-(isopropyl-amino)-s-triazin	> 5 000	nein nein	Bodenherbizid	
Carbamate				
Propham	32···250	—	Spritzpulver	Betanil 52 Betanil F 52 komb. mit Proximpham + Diuron bzw. Fenuron Betanox 25, komb. mit Chlorpropham + Proximpham
Phenylcarbaminsäure-isopropylester	1 000···4 500	nein ja		

Chlorpropham	88	—	Spritzpulver	Elbanil-Spritzpulver 25 Betanox 25, komb. mit Propham und Proximpham
m-Chlorphenylcarbaminsäure-isopropylester		nein	Bodenherbizid	
		ja		
Proximpham		—	Spritzpulver	Betanil komb. mit Betanil F Propham + Diuron bzw. Fenuron
		nein	Bodenherbizid	
		ja		
Barban	unlöslich	—	Emulsions-konzentrat	Carbyne 12,5
m-Chlorphenylcarbaminsäure-4-chlor-butin-2-d-l-ester	600	nein	translokales Blattherbizid	
		ja		
Diallat	40	—	Emulsions-konzentrat	Avadex 40
2,3-Dichlorallyl-N,N-di-isopropylthiolcarbamat	393	nein	Bodenherbizid	
		nein		

Tabelle 1 (Fortsetzung)

Kurzbezeichnung / Chemische Bezeichnung	Löslichkeit in Wasser mg/l / Akute orale LD 50 für Ratten mg/kg	Giftabteilung / Bienengefährdung / Fischgefährdung	Formulierungen / Wirkungsart	Präparate mit Wirkstoffgehalt in %
Triallat	5	—	Emulsionskonzentrat und Granulat	Avadex BW 40
2,3,3 -Trichlorallyl-N,N-di-isopropyl-thiolcarbamat	1340···1810	nein nein	Bodenherbizid	
Metham	72%		Konzentrat in wässr. Lösung	Nematin
Natrium-N-methyldithiocarbamat	820		Bodenherbizid	
Phenmedipham	< 10			Betanal 15,7
3-Methoxycarbonylamino-phenyl-N-(3-methylphenyl) carbamat	8000		Blattherbizid	
Harnstoffe				
Fenuron	3850	—	Spritzpulver	Betanil F insg. 52 komb. mit Proximpham und Chlorpropham
N-Phenyl-N′N′-dimethyl-harnstoff	6400	nein nein	Bodenherbizid	

Diuron	42	nein	Spritzpulver	Betanil insg. 52, komb. mit Proximpham und Chlorpropham
N-(3,4-Dichlorphenyl)-N-N-dimethylharnstoff	3400	nein	Bodenherbizid	
Monolinuron	580		Spritzpulver hauptsächlich	Aresin 50
N-(4-Chlorphenyl)-N-methoxy-N-methylharnstoff	2250		Bodenherbizid	
Metobromuron	330	–	Spritzpulver hauptsächlich	Patoran 50
N-(4-Bromphenyl)-N-methoxy-methylharnstoff	> 2000	nein nein	Bodenherbizid	
Chloroxuron	3,7	–	Spritzpulver	Tenoran 50
N-4-(p-Chlorphenoxy)-phenyl-N′N′-dimethylharnstoff	> 3000	nein nein	Bodenherbizid	
Chlorierte aliphatische Karbonsäuren				
TCA	120%	III	Spritzpulver	TXAH 87 NaTA 87
Trichloressigsäure	3200	nein nein	Bodenherbizid	

Tabelle 1 (Fortsetzung)

Kurzbezeichnung / Chemische Bezeichnung	Löslichkeit in Wasser mg/l / Akute orale LD 50 für Ratten mg/kg	Giftabteilung / Bienengefährdung / Fischgefährdung	Formulierungen / Wirkungsart	Präparate mit Wirkstoffgehalt in %
Chloralhydrat		II	Konzentrat in wässr. Lösung	Voraussaatherbizid Bi 3411 70
Trichlorazetaldehydhydrat	380	ja	Bodenherbizid	
		ja		
Dalapon-Natrium	50%	III	Spritzpulver	YS 67 Omnidel 90
Natrium-2,2-dichlor-propionat	7570· ·9330	nein	haupts. translokales Blattherbizid, aber auch Bodenherbizid	
		nein		
Benzonitrile				
Dichlobenil	18	–	Granulat	Casoron G 7,5
2,6-Dichlorbenzonitril	3160	nein	Bodenherbizid	
		nein		

Chlorthiamid	950	–	Spritzpulver Granulat	Prefix Granulat 7,5
2,6-Dichlorthiobenzamid	757	nein	Bodenherbizid	
		nein		
Ioxynil	50		Emulsions-konzentrat	Actril C insg. 30 komb. mit Mecoprop
3,5-Dijod-4-hydroxy-benzonitril	110	nein	Blattherbizid mit Kontaktwirkung	
		nein		
Dipyridilium-Verbindungen				
Diquatdibromid	70%	–	Konzentration in wässr. Lösung	Reglone 20
1,1′-Äthylen-2,2′-dipyridyl-ium-dibromid	400···440	nein	überw. Blattherbizid mit Kontaktwirkung	
		nein		
Paraquatdichlorid	sehr löslich	–	Spritzkonzentrat in wässr. Lösung	Gramoxone 20
1,1′-Dimethyl-4,4′-dipyridylium-dichlorid	155···203	nein	überw. Blattherbizid mit Kontaktwirkung	
		nein		
		nein		

Tabelle 1 (Fortsetzung)

Kurzbezeichnung / Chemische Bezeichnung	Löslichkeit in Wasser mg/l / Akute orale LD 50 für Ratten mg/kg	Giftabteilung / Bienengefährdung / Fischgefährdung	Formulierungen / Wirkungsart	Präparate mit Wirkstoffgehalt in %
Sonstige Herbizide				
Alachlor	148		Emulsionskonzentrat	Lasso 40
2-Chlor-N-2,6-diäthylphenyl-N-methoxymethylazetamid	1200	nein	Bodenherbizid	
		nein		
Allylalkohol		II	Flüssigkeit	Herbicid Leuna 30 70 feuergefährlich explosiv
		ja	Bodenherbizid Blattherbizid mit Kontaktwirkung	
		ja		
Amitrol	0,5		Spritzpulver	Azaplant 98 Azaplat-Komb. insg. 60 komb. mit Simazin, Tervex insg. 60
3-Aminol,2,4-triazol	>3000	nein	translokales Blattherbizid	
		nein		

AMS	200%		Konzentrat in wässr. Lösung, Paste	AMS 46 BERCEMA-AMS-Paste 40
Ammoniumsulfamat	39000···40000		translokales Blatt- und Bodenherbizid	
Kaliumchlorat		III	Streupulver	Anforstan 98 Wegerein K 98 explosiv und feuergefährlich
		nein	Boden- u. Blattherbizid mit Kontakt- u. translokaler Wirkung	
		nein		
MH	6000	nein	Konzentrat in wässr. Lösung	Malzid 33 Malzid-Kombi (mit 2,4-D)
N,N'-Maleinyl-hydrazin	2340 (Diätnanolaminsalz)	nein	Wuchshemmittel	
Naptalam	30%		Spritzpulver	Grelutin 90
N-(1-naphthyl)phthalaminsäure	8200	nein		
Natriumchlorat	70%	III	Streupulver Spritzpulver	Agrosan 98, Wegerein K 98 explosions- u. feuergefährlich
	1200	nein		
		nein		

Tabelle 1 (Fortsetzung)

Kurzbezeichnung / Chemische Bezeichnung	Löslichkeit in Wasser mg/l / Akute orale LD 50 für Ratten mg/kg	Giftabteilung / Bienengefährdung / Fischgefährdung	Formulierungen / Wirkungsart	Präparate mit Wirkstoffgehalt in %
Picloram	430		Konzentrat in wässr. Lösung	Tordon 22 K
4-Amino-3,5,6-trichlor-picolinsäure		nein nein	haupts. translokales Blattherbizid	
Pyrazon	4000		Spritzpulver	Pyramin 40
1-Phenyl-4-amino-3-dichlorpyridazon-6	3300	nein nein	Bodenherbizid und Blattherbizid mit Kontaktwirkung	
Schwerbenzin			Konzentrat	Herbizid Es 100 feuergefährlich
Gemisch von Kohlenwasserstoffen, Aromaten, Naphthenen und Alkenen			Herbizid mit Kontaktwirkung	
2,36-TBA	7900		Konzentrat in wässr. Lösung	Trysben 20
2,3,6-Trichlorbenzoesäure	1500			

2. Übersicht der Herbizide nach Wirkstoffgruppen

In der Tabelle 1 sind die Herbizide nach Wirkstoffgruppen zusammengestellt. In der ersten Spalte ist die Kurzbezeichnung des jeweiligen Wirkstoffes aufgeführt. Die Kurzbezeichnungen wurden von der Internationalen Standardisierungsorganisation eingeführt, um die internationale Verständigung auf dem Fachgebiet des Pflanzenschutzes zu erleichtern. Die ausführliche chemische Bezeichnung dient dem auf dem Gebiet der Chemie bewanderten Leser zum Verständnis. Mit der Wasserlöslichkeit und der akuten oralen Toxizität für Ratten sind 2 wichtige Kennwerte jedes Wirkstoffes in der zweiten Spalte aufgeführt. Der LD-50-Wert bei oraler Indikation stellt einen Wert für die toxikologische Einschätzung der Herbizide dar. Es muß ergänzt werden, daß die zur Formulierung der Handelspräparate verwendeten Füllstoffe, wie Emulgatoren, Netzmittel und andere, auch eine toxische Wirkung auf Mensch und Tier ausüben können. Außerdem ist bekannt, daß die Wirkstoffe nicht nur über den Verdauungstrakt, sondern auch über die Atemwege und die Haut aufgenommen werden und ihre toxische Wirkung entfalten können. Bei einer Gesamtbetrachtung aller Herbizide ergibt sich, daß von den im Pflanzenschutzmittelverzeichnis der DDR 1970/71 aufgeführten Handelspräparaten nur 18,7% einer Giftabteilung angehören. In die Giftabteilung I wurde kein Herbizid eingeordnet, in die Giftabteilung II 8,5% und in die Abteilung III 10,2%. Als Vergleich sei angeführt, daß die bei Ratten akute orale LD-50 des als kaum toxisch bekannten Aspirin 1200 mg/kg beträgt.
Die 3. Spalte ist unterteilt in Giftabteilung: Bienen- und Fischgefährdung. Wenn bei Giftabteilung kein Wert zu finden ist, so gehört das betreffende Herbizid keiner Giftabteilung an. Bei der Bienen- und Fischgefährdung fehlen noch eine Reihe von Daten. Eine offene Spalte bedeutet hier, daß die Untersuchungsergebnisse noch ausstehen. In der 4. Spalte sind mit den Formulierungen und der Wirkungsart der Herbizide wichtige Charakteristika aufgeführt. Unter Formulierung werden hier die Begriffe

Spritzpulver
Konzentrat in wässriger Lösung,
Emulsionskonzentrat,
Streupulver und
Granulat verstanden.

Bei der Wirkung wurde fast ausschließlich die Hauptwirkungsart der einzelnen

Herbizide berücksichtigt, die bei der Herbizidanwendung in der DDR genutzt wird. Es muß aber hierzu ergänzt werden, daß viele Blattherbizide mit Kontakt- oder translokaler Wirkung gleichzeitig eine gewisse Bodenwirkung haben. Andererseits entfalten Bodenherbizide oft eine geringe Wirkung über das Blatt. In der letzten Spalte sind die Präparatenamen und die Wirkstoffgehalte in % angegeben. Bei Salzformulierungen einzelner Wirkstoffe wurden die Salze bei der Berechnung des Wirkstoffgehaltes als Wirkstoffe berücksichtigt.

2.1. Phenoxyfettsäuren

Aus dieser Gruppe sind die Phenoxyessigsäuren **MCPA** und **2,4-D** seit über 20 Jahren im Einsatz. Sie haben die Unkrautbekämpfung in vielen Ländern entscheidend verändert, da sie eine gleichzeitige Vernichtung einjähriger und ausdauernder Unkräuter ohne Schädigung der Kulturpflanze bei geringem Kostenaufwand ermöglichten. Beide Wirkstoffe besitzen eine geringe Toxizität gegenüber Warmblütern und werden im Boden innerhalb einiger Wochen abgebaut. Die einzelnen Formulierungen besitzen einen sehr unterschiedlichen Dampfdruck. Am gefährlichsten sind in dieser Hinsicht Esterformulierungen wie Butylester der 2,4-D. Die seit der Einführung dieser Formulierungen aufgetretenen Schäden an Kulturpflanzen zeigen deutlich ihre Einsatzgrenzen an. In der DDR wurde die Anerkennung des 2,4-D-Esterpräparates Spritz-Hormest 1970 für die Unkrautbekämpfung im Getreide zurückgezogen. Die Schäden an den Nachbarkulturen entstanden teilweise durch direkte Abdrift beim Ausbringen oder durch Abdrift in der Dampfphase. Auf dem Grünland kann Spritz-Hormest weiter eingesetzt werden. Im Boden werden MCPA und 2,4-D innerhalb weniger Wochen inaktiviert. Die Warmblütertoxizität von MCPA und 2,4-D ist gering.
Der Wirkstoff **2,4,5-T** wird hauptsächlich zur Gehölzbeseitigung eingesetzt. Er ist gegenüber vielen Kulturpflanzen aggressiver als die übrigen Verbindungen dieser Gruppe. Die Toxizität gegenüber Warmblütern ist gering. Im Boden wird 2,4,5-T im allgemeinen innerhalb weniger Wochen abgebaut.
Die Phenoxypropionsäuren **Mecoprop** und **Dichlorprop** haben wegen ihres verbreiterten Wirkungsspektrums im Vergleich zu den Phenoxyessigsäuren Bedeutung erlangt. Hinsichtlich ihrer Warmblütertoxizität und ihres Abbaues im Boden entsprechen sie den anderen Phenoxyfettsäuren.
Die Phenoxybuttersäuren **MCPB** und **2,4-DB** zeichnen sich durch eine erhöhte Selektivität gegenüber den Leguminosen aus. Allerdings wurde dieser Fortschritt mit einer Verringerung der Wirkungsbreite erkauft. Die Toxizität gegenüber Warmblütern ist gering. Im Boden werden diese Herbizide innerhalb weniger Wochen abgebaut.

2.2. Phenolderivate

Die Phenolderivate **DNOC**, **Dinoseb** und **Dinosebazetat** verbinden eine gute Wirkung gegen die meisten einjährigen dikotylen Unkräuter mit einer hohen Warmblütertoxizität. Hinzu kommt zumindest bei DNOC und Dinoseb eine unangenehme Gelbfärbung der Haut an den Stellen, wo der Anwender mit diesen Wirkstoffen in Berührung gekommen ist. Die Dauerwirkung im Boden beträgt bei DNOC bis zu einigen Wochen, bei Dinoseb und Dinosebazetat nur einige Tage.

Nitrofen unterscheidet sich in vielen Eigenschaften von den älteren Phenolderivaten. Einerseits wirkt es hauptsächlich als Bodenherbizid, zum anderen umfaßt sein Wirkungsspektrum auch einjährige Ungräser und schließlich ist seine Toxizität gegenüber Warmblütern sehr gering. Im Boden wird Nitrofen im Zeitraum von einigen Monaten abgebaut.

2.3. Triazine

Triazine wurden zunächst zur Unkrautbekämpfung im Mais eingesetzt. Inzwischen haben sich Herbizide aus dieser Gruppe auch einen festen Platz bei der chemischen Unkrautbekämpfung in anderen Kulturen erobert. Viele Triazine besitzen nur eine sehr geringe Wasserlöslichkeit. Dadurch vermögen sie lange in der Krume zu verbleiben. Beim Anbau von Nachfrüchten ist auf Triazinreste im Boden Rücksicht zu nehmen. Eine lange Dauerwirkung besitzen Simazin und Propazin, Prometryn und Atrazin, eine mittlere Ametryn und eine nur geringe Desmetryn. Die Warmblütertoxizität aller als Herbizide bekannter Triazine ist sehr gering.

2.4. Carbamate

Propham wurde zunächst allein zur Bekämpfung einjähriger Ungräser eingesetzt. Heute wird dieses Herbizid meist als Kombinationspartner anderer Herbizide benutzt. **Chlorpropham** wird hauptsächlich zur Unkrautbekämpfung in Zwiebeln eingesetzt. **Proximpham** wurde in der DDR als Kombinationspartner eines Herbizides für Rüben entwickelt. **Barban** und **Triallat** dienen zur Bekämpfung von Wildhafer. **Metham** wird als Bodendesinfektionsmittel und zur chemischen Selektion der Kartoffeln verwendet. **Phenmedipham** hat sich bei der Unkrautbekämpfung nach dem Auflaufen der Rüben bewährt. Die Herbizide aus der Gruppe der Carbamate besitzen, mit Ausnahme des Metham, eine geringe Wasserlöslichkeit. Sie gehören, ausgenommen Barban und Phenmedipham, zu den Bodenherbiziden. Ihre Dauerwirkung im Boden ist unterschiedlich, während Metham im allgemeinen innerhalb von 14 Tagen aus der Krume ausgewaschen ist, bleiben die übrigen Carbamate länger im Boden wirksam. Propham, Chlorpropham und Proximpham bleiben bis etwa vier Wochen, Triallat über ein halbes Jahr nach Anwendung im Boden erhalten. Wegen der Anwendung dieser Herbizide vor dem Auflaufen der Kulturpflanzen braucht auf Nachfrüchte nur in solchen Fällen Rücksicht genommen zu werden, bei denen die behandelten Kulturen aus irgendwelchen Gründen umgebrochen werden müssen. Die Warmblütertoxizität der Carbamate ist gering.

2.5. Harnstoffe

Die Harnstoffderivate **Fenuron** und **Diuron** werden hauptsächlich als Kombinationspartner für andere Herbizide verwendet. **Monolinuron** und **Metobromuron** als neuere Harnstoffderivate werden zur Unkrautbekämpfung in Kartoffeln und einigen Gemüsearten eingesetzt. **Chloroxuron** findet unter unseren Bedingungen Verwendung bei der Unkrautbekämpfung in Erdbeeren sowie in Heil- und Gewürzpflanzen. Die Residualwirkung der Herbizide aus der Gruppe der Harnstoffe beträgt bei Aufwandmengen zur selektiven Unkrautbekämpfung einige Wochen (Fenuron bis zu einigen Monaten). Wegen der Anwendung dieser Herbizide vor dem Auflaufen der Kulturpflanzen stellt diese Residualwirkung für die Nachfrüchte im allgemeinen keine Gefahr dar. Hinsichtlich ihrer Warmblütertoxizität sind die Harnstoffherbizide als ungefährlich zu bezeichnen.

2.6. Chlorierte aliphatische Karbonsäuren

TCA wird zur Bekämpfung einjähriger und ausdauernder Gräser in vielen Kulturen verwendet. TCA wird entweder nach der Ernte oder vor der Bestellung der Kulturen ausgebracht. Bei dem letzteren Termin nutzt man die starke Wasserlöslichkeit dieses Präparates aus. Bei normalen Niederschlägen wird TCA nach einigen Wochen aus der Krume gewaschen, so daß die Rüben 10 Tage und Kartoffeln im allgemeinen 21 Tage nach der Anwendung bestellt werden können. Die Warmblütertoxizität dieses Herbizides ist gering. Chloralhydrat hat die gleichen Anwendungsbereiche wie TCA. Es wird im Boden in die als Herbizid wirksame TCA umgewandelt. Hinsichtlich seiner Residualwirkung gilt das gleiche wie für TCA. Wegen seiner höheren Warmblütertoxizität wurde Chloralhydrat in die Giftabteilung II eingestuft.

Dalapon-Natrium entspricht in seinem Einsatzbereich TCA und Chloralhydrat. Zur Queckenbekämpfung wird es jedoch hauptsächlich im Herbst eingesetzt. Aus dem Boden verschwindet es in Abhängigkeit von den Niederschlägen und der Mikroorganismenaktivität nach 1···5 Monaten. Da es nicht fischgefährlich ist, wird Dalapon-Natrium in starkem Maße zur chemischen Grabenentkrautung verwendet.

2.7. Benzonitrile

Dichlobenil und **Chlorthiamid** werden in der DDR hauptsächlich zur Bekämpfung ausdauernder Unkräuter im Obst- und Weinbau verwendet. Die Dauerwirkung im Boden hält je nach Aufwandmenge 3–6 Monate an. Chlorthiamid wird im Boden in das als Herbizid wirksame Dichlobenil umgewandelt. Beide Verbindungen besitzen eine geringe Warmblütertoxizität.

Ioxynil wird hauptsächlich als Kombinationspartner der Wuchsstoffherbizide verwendet. Derartige Kombinationen haben eine ausgezeichnete Wirkung gegen viele dikotyle Unkräuter. Im Boden wird Ioxynil innerhalb weniger Wochen abgebaut. Ioxynil besitzt eine starke Warmblütertoxizität, die aber wegen der geringen Aufwandmenge in den Kombinationen keine große Bedeutung hat.

2.8. Dipyridiliumverbindungen

Diquatbromid und **Paraquatdichlorid** werden in der DDR hauptsächlich zur Desikkation von Kartoffeln bzw. Leguminosen verwendet. Während Diquatdibromid vor allem gegen Dikotyle wirkt, greift Paraquatdichlorid Monokotyle an. Der Erfolg gegen ausdauernde Pflanzen ist nach einmaliger Anwendung häufig unbefriedigend, so daß die Behandlungen wiederholt werden müssen. Im Boden werden beide Dipyridiliumverbindungen innerhalb weniger Tage inaktiviert. Ihre Warmblütertoxizität ist gering. Bei der Ausbringung sind der Kontakt mit dem unverdünnten Präparat und das Einatmen der Spritztropfen zu vermeiden.

2.9. Sonstige Herbizide

Alachlor wird in der DDR hauptsächlich zur Bekämpfung von Hirsearten in Mais und zur Unkrautbekämpfung in Kohl verwendet. Im Boden wird Alachlor innerhalb weniger Monate inaktiviert. Die Toxizität für Warmblüter ist gering.

Allylalkohol wird zur Bekämpfung von keimenden und ruhenden Unkrautsamen auf gärtnerischen Anzuchtflächen verwendet. Wegen der Feuer- und Explosionsgefährdung sind die Arbeitsvorschriften bei der Anwendung unbedingt einzuhalten. Entsprechend den vorherrschenden Temperaturen wird Allylalkohol innerhalb von 5···14 Tagen im Boden abgebaut.

Amitrol wird hauptsächlich als Kombinationspartner zur Bekämpfung ausdauernder Unkräuter in Obstanlagen und zur nicht selektiven Unkrautvernichtung eingesetzt. Im Boden wird es innerhalb einiger Monate abgebaut. Die Warmblütertoxizität ist gering.

AMS wird hauptsächlich zur Gehölzbekämpfung benutzt. Wegen der stark korrodierenden Wirkung bietet dieses Herbizid bei der Applikation Schwierigkeiten. In der Aufbereitung als Paste wird es bei der chemischen Läuterung von Gehölzen direkt von der Tube aus auf die Rinde der zu vernichtenden Bäume gebracht. Eine Residualwirkung im Boden ist bei dieser Anwendungsart nicht zu erwarten. Nach der Ausbringung als Spritzmittel wird es im Boden innerhalb von 3 Monaten inaktiviert. Seine Warmblütertoxizität ist gering.

Kaliumchlorat wird zur nichtselektiven Unkrautbekämpfung in der Forstwirtschaft verwendet. Neben seiner korrodierenden Eigenschaften ist dieser Wirkstoff als feuer- und explosionsgefährlich bekannt. Im Vergleich zum Natriumchlorat ist die Feuer- und Explosionsgefährdung etwas herabgesetzt. Die Dauerwirkung im Boden beträgt in Abhängigkeit von den Niederschlägen und der Aufwandmenge bis zu einem Jahr. Die Warmblütertoxizität ist gering.

MH wird zur Niederhaltung des Rasenwuchses an Straßen und Wasserläufen verwendet. Die Dauerwirkung beträgt einige Wochen. Die Warmblütertoxizität ist gering.

Naptalam wird zur Unkrautbekämpfung in Gurkenkulturen verwendet. Im Boden wird es normalerweise innerhalb von 10 Wochen abgebaut. Die Toxizität für Warmblüter ist gering.

Natriumchlorat wird zur nichtselektiven Unkrautbekämpfung und zur Desikkation von Leguminosen und Kartoffeln verwendet. Hinsichtlich seiner korrodierenden Eigenschaften ist es mit Kaliumchlorat zu vergleichen, in bezug auf Feuer- und Explosionsgefährdung bereitet es größere Schwierigkeiten als Kaliumchlorat. Die Dauerwirkung und die Warmblütertoxizität entsprechen der des Kaliumchlorats.

Picloram wird in einigen Ländern als Kombinationspartner von Wuchsstoffherbiziden zur Bekämpfung schwer zu vernichtender Unkräuter in Getreide verwendet. In höheren Aufwandmengen ist es auch zur Gehölz- und Gräserbekämpfung geeignet. Im Boden bleibt es viele Monate wirksam, die Warmblütertoxizität ist gering.

Pyrazon wird hauptsächlich zur Bekämpfung einjähriger Unkräuter in *Beta*-Rüben eingesetzt. Im Boden bleibt es mehrere Wochen wirksam. Die Toxizität für Warmblüter ist gering.

Schwerbenzin wird zur Unkrautbekämpfung in Forstbaumschulen verwendet. Dieses Herbizid ist feuergefährlich, eine Dauerwirkung im Boden ist nicht vorhanden. Die Warmblütertoxizität ist gering.

2,3,6-TBA wird in einigen Ländern als Kombinationspartner eines Wuchsstoffherbizides bei der Unkrautbekämpfung in Getreide eingesetzt. Bei Anwendung großer Mengen je Flächeneinheit kann es längere Zeit im Boden und im Stroh verbleiben. Die Toxizität für Warmblüter ist gering.

3. Herbizide im Boden

Bei der Anwendung von Herbiziden auf die Bodenoberfläche ist häufig nicht abzusehen, ob die erwünschte Wirkung zur rechten Zeit eintritt. Das Herbizid muß erst von der Bodenoberfläche an die keimenden Unkräuter gelangen. Dieser Transport hängt von einer ausreichenden Bodenfeuchtigkeit in den der Anwendung folgenden 2···3 Wochen ab. In einigen Jahren wurde beobachtet, daß Bodenherbizide trotz Ausbringung auf einen feuchten Boden nicht wirkten. Als Ursache hierfür kann die durch Winde verstärkte Austrocknung der obersten Bodenschicht angesehen werden, die wir im Frühjahr häufig beobachten.
In der Abbildung 1 ist schematisch dargestellt, wie ein Bodenherbizid aus der Krume verschwindet. Das physikalisch ausgelöste Verschwinden hat 4 Hauptursachen:

1. Verdampfung,
2. Auswaschung der Herbizide,
3. Aufnahme durch die Pflanze,
4. Adsorption durch Bodenkolloide.

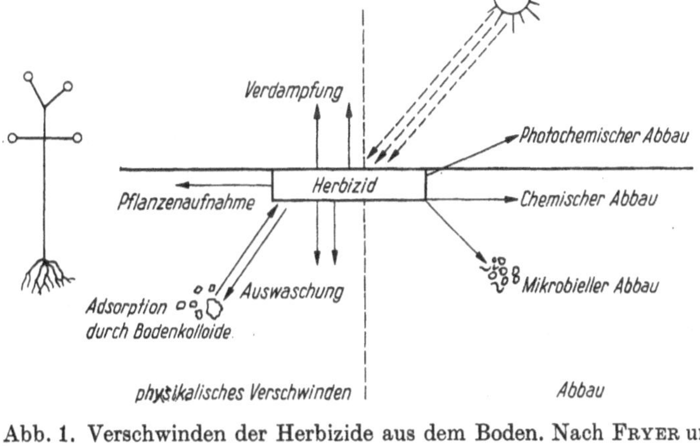

Abb. 1. Verschwinden der Herbizide aus dem Boden. Nach FRYER und EVANS (Hrsg.), Weed Control Handbook, Bd. I, S. 152

Der Abbau der Herbizide aus dem Boden kann in 3 Hauptformen unterteilt werden:

1. Photochemischer Abbau,
2. Chemischer Abbau oder Zerfall,
3. Mikrobieller Abbau.

Beim physikalisch bedingten Verschwinden sind einige Carbamatherbizide dem Verdampfen besonders ausgesetzt, während Herbizide aus der Gruppe der chlorierten Fettsäuren wegen ihrer hohen Wasserlöslichkeit stark ausgewaschen werden. In der Gruppe des Abbaus der Herbizide aus dem Boden spielt der mikrobielle Abbau die wesentliche Rolle.
Wegen der unterschiedlichen Sorptionsfähigkeit der einzelnen Böden werden für jedes Bodenherbizid nach der Bodenart unterschiedliche Aufwandmengen empfohlen.

Auf leichtem Boden	Sl	ist die niedrigste Wirkstoffaufwandmenge einzusetzen,
auf mittlerem Boden	lS SL sL	ist die mittlere Wirkstoffaufwandmenge zu verwenden,
auf schwerem Boden	L LT	ist die höchste Wirkstoffaufwandmenge zu wählen.

Für die extremen Bodenarten S und T sowie Böden mit mehr als 6% Humusanteil wird der Einsatz von Bodenherbiziden mit Ausnahme einiger Anwendungsbereiche wie Simazin und Atrazin bei Mais nicht empfohlen.
Auf Grund der Erfahrungen aus den letzten Jahren wird zu der genannten Einteilung noch eine weitere Gliederung nach dem Humusgehalt des jeweiligen Bodens vorgeschlagen:

- Auf leichten Böden (Sl) mit einem Humusgehalt $<1\%$ sind Bodenherbizide mit anwendungstechnischer Selektivität für die Kulturpflanzen gefährlich, besonders wenn nach der Anwendung starke Niederschläge fallen,
- für die leichten und mittleren Böden (Sl···sL) ist bei einem Humusgehalt zwischen 1 und 3% die Wirkstoffaufwandmenge nicht zu verändern.
- Bei einem Humusgehalt zwischen 3 und 6% können auf den leichten und mittleren Böden die Wirkstoffaufwandmengen von Boden-, Bodenblatt- und Blattbodenherbiziden um 25% der Steigerungsspanne erhöht werden. Zum Beispiel beträgt bei Chlorpropham die Wirkstoffaufwandmenge 2···3 kg/ha. Die Steigerungsspanne beträgt 1 kg. 25% dieser Steigerungsspanne machen demnach 0,25 kg aus, so daß die Wirkstoffaufwandmenge bei besagtem Humusanteil auf leichten Böden von 2 auf 2,25 kg/ha und auf mittleren Böden von 2,5 auf 2,75 kg/ha zu erhöhen ist.
- Schwere Böden sind von dieser Regelung ausgenommen.

Es erscheint angebracht, darauf hinzuweisen, daß die Anwendung von Bodenherbiziden keineswegs die mangelnde Qualität der Bodenvorbereitungen, Bestell- und sonstigen Pflegearbeiten ersetzt. Häufig erfordert der geplante Einsatz eines Bodenherbizides eine besonders hohe Arbeitsqualität bei der Saatbeetvorbereitung oder der Einarbeitung des Herbizides.

4. Anwendung der Herbizide in der Feldwirtschaft

4.1. Getreide

Mit der Unkrautbekämpfung im Getreide setzte sich der Herbizideinsatz in der Landwirtschaft durch. Heute werden in der DDR etwa 50% der Getreideanbaufläche, das entspricht etwas mehr als 1 Mill. ha, mit Herbiziden behandelt. Wenn von der Getreidefläche der Anteil des Roggens, der auch heute noch als unkrautunterdrückende Pflanze gilt, abgezogen wird, dann sind es sogar über 70%, auf denen mit Herbiziden gearbeitet wird. Während zunächst Kalkstickstoff, DNOC, 2,4-D und MCPA verwendet wurden, sind es heute außerdem Phenoxypropionsäuren, Kombinationen aus Phenoxyfettsäuren und Ioxynil sowie Kombinationen aus Nitrofen mit Harnstoffen oder Triazinen, Carbamate und zur Queckenbekämpfung nach der Getreideernte chlorierte Fettsäuren.

Der teilweise Ersatz der Wirkstoffe wurde dadurch erforderlich, daß sich die Unkrautflora auf den Getreideflächen durch die häufig wiederholte Anwendung der Wuchsstoffherbizide verschoben hat. Neben einigen dikotylen Unkräutern, wie Klettenlabkraut, Saatwucherblume, Knötericharten, Kamillearten, Vergißmeinnicht und anderen, breiten sich die Ungräser Windhalm, Wildhafer, Ackerruchgras, das Ackerfuchsschwanzgras und die Quecke stärker aus. Gegen diese Gräser werden Bodenherbizide vor oder nach dem Auflaufen des Getreides eingesetzt. Diese Bodenherbizide haben häufig eine ausreichende Wirkung gegen dikotyle Unkräuter, so daß kein weiteres Herbizid auf derartigen Flächen eingesetzt zu werden braucht.

Vor der Anwendung eines Herbizides auf einer Getreidefläche ist festzustellen, welche Hauptunkräuter auftreten. Danach wird unter Berücksichtigung der herbiziden Wirksamkeit der verschiedenen Produkte gegenüber diesen Hauptunkräutern, der Anwendungsbedingungen und des Entwicklungszustandes des Getreides das geeignetste Herbizid ausgewählt.

Infolge der sehr frühzeitig einsetzenden Konkurrenz zwischen Unkräutern und Getreide ist im Sinne einer möglichst hohen Ertragsleistung der für das ausgewählte Herbizid angegebene frühestmögliche Behandlungstermin zu wählen. Hinzu kommt, daß auch die herbizide Leistung gegenüber einjährigen Unkräutern erfahrungsgemäß besser ist, wenn die Unkräuter möglichst jung sind. So ist z. B. in der Wintergerste eine Behandlung im Herbst mittels DNOC oder Dichlorprop gegenüber Vogelmiere, Kamille- und Ehrenpreisarten u. a. in der Regel erfolgreicher als eine Behandlung im Frühjahr. Auf stark verdistelten Schlägen ist jedoch ein späterer Anwendungstermin bei einer Distelhöhe von 20···25 cm vorzuziehen.

Die bald zwei Jahrzehnte alte chemische Unkrautbekämpfung im Getreide hat vielfach zu einer Routine geführt, die nicht zu vertreten ist. Neben der schon genannten Mittelauswahl nach den Hauptunkräutern des betreffenden Schlages ist auch der z. Z. der Behandlung vorhandene Besatz an Unkräutern in Rechnung zu stellen.
Die anwendungstechnischen Vorteile (einfaches Ansetzen der Spritzbrühe, Sprühverfahren), die insbesondere die flüssigen Wuchsstoffherbizide bieten, darf die Nachteile des Sprühverfahrens nicht vergessen lassen, die hauptsächlich in der erhöhten Abdriftgefahr liegen, welche zu schweren Schäden an den Nachbarkulturen führen kann. 1968 kam es z. B. bei Anwendung eines 2,4-D-Esters zu erheblichen Schäden an Nachbarkulturen, die nicht allein auf Abdrift, sondern wahrscheinlich auch auf die Dampfphasenwirkung dieses Mittels zurückzuführen sind. Eine strenge Einhaltung der Anwendungsgrenzen des Sprühverfahrens (z. B. nicht arbeiten bei mehr als 3 m/s Wind) ist unerläßlich, sie stellt die Anwender aber vor die Notwendigkeit, evtl. innerhalb eines Tages die Applikationsverfahren wechseln zu müssen und für das Sprühen hauptsächlich die Morgen- und Abendstunden vorzusehen. In dieser Zeit herrscht im allgemeinen kein so starker Wind vor.

Anwendungshinweise

Für alle in der Tabelle 1 genannten Herbizide gilt, daß sie weder auf frostgeschädigtes Getreide noch unmittelbar vor oder nach Nachtfrösten ausgebracht werden dürfen.

DNOC und Dinoseb: Einige Tage vor und nach der Behandlung darf nicht gestriegelt werden. Diese Herbizide werden mit geringem Druck (3 kp/cm^2) und mit nicht zu feinen Düsen gespritzt. Die Bedingungen sind am günstigsten, wenn einige Tage vor der Behandlung warmes, sonniges Wetter die Wachsschichtausbildung gefördert hat und am Behandlungstag eine hohe Luftfeuchtigkeit ($>70\%$) und mäßig warme Temperaturen (ca. 17···20 °C) herrschen. Bei Temperaturen von mehr als 25 °C sind Behandlungen zu unterlassen. Die Behandlung mit DNOC im Herbst in Wintergetreide sollte bis Ende Oktober und möglichst an sonnigen Tagen durchgeführt werden. Dinoseb ist nur in Wintergetreide im Frühjahr anerkannt.

Phenoxyfettsäuren allgemein: Diese Herbizide wirken gut erst bei hohen Temperaturen ab 10···15 °C und hoher Luftfeuchtigkeit. Dabei kommt es nicht allein auf die Witterung am Behandlungstag, sondern in noch stärkerem Maße auf das Wetter in den nachfolgenden Tagen an. Die Behandlungen müssen innerhalb der genannten Entwicklungsstadien des Getreides erfolgen, da sonst Schäden am Getreide auftreten können. Die Abdrift von Wuchsstoffherbiziden kann zu schweren Schäden bei empfindlichen Nachbarkulturen führen. Diese Gefahr ist besonders groß bei Anwendung des Sprühverfahrens, es dürfen deshalb beim Sprühen nicht mehr als 3 m/s Windgeschwindigkeit herrschen, besonders dann, wenn empfindliche Nachbarkulturen in weniger als 500 m Entfernung stehen.

Nach Abschluß der Spritzarbeiten sind die Pflanzenschutzmaschinen besonders gründlich zu reinigen. Behandlungen von Gemüse- und Obstkulturen mittels Pflanzenschutzmaschinen, mit denen Wuchsstoffherbizide ausgebracht wurden, sollen nach Möglichkeit unterbleiben, da trotz gründlicher Reinigung der Maschinen immer wieder Schäden aufgetreten sind.

2,4-D-Amin und 2,4-D-Natrium dürfen nicht in Hafer und Hafergemenge angewendet werden, da hier Schäden zu erwarten sind. 2,4-D-Amin dringt schneller in die Pflanzen ein als 2,4-D-Natrium und ist deshalb witterungsabhängiger in bezug auf nachfolgenden Regen als 2,4-D-Natrium.

2,4-D + MCPA: Siehe 2,4-D-Natrium.

Dichlorprop wird vorangig eingesetzt bei stärkerem Auftreten von Vogelmiere, Klettenlabkraut und Knötericharten. Eine Behandlung der Wintergerste im Herbst ist möglich.

Mecoprop ist vorrangig einzusetzen bei stärkerem Auftreten von Vogelmiere und Klettenlabkraut, es darf aber nicht in Roggen angewendet werden.

Ioxynil + Mecoprop: Durch die Kombination mit Ioxynil werden eine etwas schnellere Wirkung als allgemein bei Wuchsstoffherbiziden und eine gute herbizide Breitenwirkung erreicht, die auch die Kamillearten einschließt. Vorteilhaft ist eine Anwendung bei sonnigem Wetter. Bei fortgeschrittener Entwicklung der Unkräuter muß die Mittelaufwandmenge/ha innerhalb der angegebenen Spanne erhöht werden.

Triallat ist zur Einschränkung des Wildhaferaufwuchses anerkannt und wird vor der Aussaat auf saatfertigen Acker ausgebracht und in den Boden eingearbeitet. Außerdem kann es in Winterweizen vor der Saat oder vor dem Auflaufen angewendet werden, die Wirkung hält bis zum Frühjahr an.

Barban ist ebenfalls zur Einschränkung des Wildhaferaufwuchses anerkannt. Die Behandlung wird durchgeführt, wenn sich der größte Teil der Wildhaferpflanzen im $1 \cdots 2^1/_2$-Blattstadium befindet.

Prometryn und Simazin: Diese Herbizide sind zur Bekämpfung des Windhalms anerkannt und dürfen *nur auf schweren Böden* eingesetzt werden. Sie vernichten gleichzeitig eine große Anzahl einjähriger dikotyler Unkräuter. Es ist auf die Einhaltung der vorgeschriebenen Mittelmenge/ha genauestens zu achten.

4.1.1. Getreide mit Untersaaten

Von den in der Tabelle 2 genannten Präparaten ist DNOC der Vorzug zu geben, wenn vor dem Eindrillen des Klees eine stärkere Verunkrautung, z. B. durch Vogelmiere, Kamille u. a., vorliegt, da diese Unkräuter durch Wuchsstoff-

herbizide nicht vernichtet werden. Von den Wuchsstoffherbiziden ist MCPB nur dann zu empfehlen, wenn es hauptsächlich um die Bekämpfung der Ackerdistel geht, da einige andere Unkräuter, wie z. B. Hederich, nicht vernichtet werden. Das gleiche gilt auch für 2,4-DB. Nach den Erfahrungen ist in Rotkleeuntersaaten der Kombination aus MCPB + MCPA der Vorzug zu geben.
In Luzerneuntersaaten hat sich 2,4-DB zur Bekämpfung von Melde, Weißem Gänsefuß und Ackerdistel gut bewährt. Bei stärkerem Auftreten von Hederich ist 2,4-D-Natrium der Vorzug zu geben.

Erläuterung der in den Tabellen 2 bis 40 verwendeten Abkürzungen:

VA	Vorauflaufbehandlung	HG	Hafergemenge
NA	Nachauflaufbehandlung	SG	Sommergerste
VS	Vorsaatbehandlung	WG	Wintergerste
VPf	Vorpflanzbehandlung	SW	Sommerweizen
NPf	Nachpflanzbehandlung	WW	Winterweizen
NS	Nachsaatbehandlung	SR	Sommerroggen
H	Hafer	WR	Winterroggen

Tabelle 2

Herbizidanwendung in Getreide

Herbizid	Behandlungszeitpunkt betr. Kulturpflanzen*		Wirkstoffaufwandmenge in kg/ha	Brüheaufwandmenge in l/ha Spritzen	Sprühen
DNOC	NA	Herbst ab 3 Blätter bei WG	3,2	600	–
	NA	Frühjahr ab 3 Blätter	2,1···3,1	600	–
Dinoseb	NA	Frühjahr ab 4 Blätter	0,8···1,2	600	–
2,4-D-D-Amin	NA	Frühjahr ab 5 Blätter, außer H, HG	0,7	200···600	50···100
2,4-D-Natrium	NA	Frühjahr ab 5 Blätter außer H, HG	1,3	200···600	50···100

* Nach Ausbildung der genannten Anzahl Blätter am Haupthalm des Getreides bis zum Beginn des Ährenschiebens.

Tabelle 2 (Fortsetzung)

Herbizid	Behandlungszeitpunkt betr. Kulturpflanzen*		Wirkstoffaufwandmenge in kg/ha	Brüheaufwandmenge in l/ha Spritzen	Sprühen
2,4-D-Natrium	NA	Frühjahr ab 5 Blätter, außer H, HG	1,3⋯1,8	Stäuben	–
2,4-D + MCPA	NA	Frühjahr ab 5 Blätter, außer H, HG	1,4	200⋯600	50⋯100
MCPA-Natrium	NA	Frühjahr ab 3 Blätter bei WG, SG, H	1,4	200⋯600	50⋯100
	NA	Frühjahr ab 5 Blätter bei WR, WW, SW	1,4	200⋯600	50⋯100
Mecoprop	NA	Frühjahr ab 3 Blätter außer WR, SR	2,5	200⋯600	50⋯100
Dichlorprop	NA	Herbst ab 3 Blätter bei WG	1,9⋯2,5	200⋯600	50⋯100
	NA	Frühjahr ab 3 Blätter	2,5	200⋯600	50⋯100
Ioxynil + Mecoprop	NA	Herbst ab 3 Blätter bei WG	1,8	400⋯600	–
	NA	Frühjahr ab 3 Blätter bei WG, WW, WR	1,8⋯2,4	400⋯600	–
	NA	Frühjahr ab 3 Blätter bei H, HG, SW, SG	1,5⋯1,8	400⋯600	–
Triallat	VS	bei SG, SW	1,2	200⋯600	200
	VS	und VA bei WW	1,6	200⋯600	200
Barban	NA	bei SG (im 1⋯2½-Blattstadium des Wildhafers)	0,5	200	–
	NA	bei SW (im 1⋯2½-Blattstadium des Wildhafers)	0,4	200	–
Prometryn + Simazin	NA	im zeitigen Frühjahr bei WG, WW, WR	0,8	600	–

* Nach Ausbildung der genannten Anzahl Blätter am Haupthalm des Getreides bis zum Beginn des Ährenschiebens.

Tabelle 3

Herbizidanwendung in Getreide mit Untersaaten

Herbizid	Behandlungszeitpunkt betr. Kulturpflanzen		Wirkstoff-aufwandmenge in kg/ha	Brüheaufwandmenge in l/ha Spritzen	Sprühen
DNOC	ab 3 Blätter des Getreides bis 8 Tage vor Eindrillen der Untersaat (Klee, Luzerne, Ackerbohnen)		2···3,1	600	–
		Rotkleeuntersaat			
MCPB	NA	nach Ausbildung des 1. Fiederblattes bei Rotklee	2	200···600	100
MCPA	NA	nach Ausbildung des 3. Fiederblattes bei Rotklee	0,6	200···600	100
MCPB + MCPA	NA	nach Ausbildung des 3. Fiederblattes bei Rotklee	2	200···600	100
		Luzerneuntersaat			
2,4-DB	NA	nach Ausbildung des 1. Fiederblattes bei Luzerne	2	200···600	100
2,4-D-Natrium	NA	nach Ausbildung des 3. Fiederblattes bei Luzerne	0,6	200···600	100
		Ackerbohnen-Getreide-Gemenge			
MCPB	NA	bei Wuchshöhe der Ackerbohnen von 8···15 cm	2	200···600	

Anwendungshinweise

Neben den in den Tabellen 2 und 3 genannten Anwendungsterminen muß auch das Entwicklungsstadium des Getreides berücksichtigt werden. Dabei sind MCPB und die Kombination MCPB + MCPA analog MCPA und 2,4-DB analog 2,4-D-Natrium zu behandeln. Die Anwendungszeiten entsprechen denen in Getreide ohne Untersaaten.

2,4-DB und MCPA dürfen nicht angewendet werden, wenn Hederich stärker auftritt, weil diese Unkrautart nicht vernichtet wird.

MCPA, MCPB + MCPA, 2,4-D-Natrium: Die Untersaaten sollten z. B. der Behandlung von der Deckfrucht oder den Unkräutern möglichst abgeschirmt sein. 2,4-D-Natrium wird nicht angewendet, wenn die Deckfrucht Hafer oder Hafer-Gemenge ist.

4.2. Mais

Mais wird in der DDR auf etwa 200000 ha angebaut. Während diese Kulturpflanze früher nur zur Silierung oder Grünfütterung verwendet wurde, ist neuerdings die Tendenz zu erkennen, zumindest an einigen Standorten auch den Körnermaisanbau zu betreiben. Der Mais wird zu 90% mit Herbiziden behandelt. Hauptsächlich werden in dieser Kultur Simazin und Atrazin eingesetzt. Auch in dieser Kultur wirkt sich aber ein lange währender Einsatz dieser beiden Herbizide insofern ungünstig aus, als sich Hirsearten, wie Hühnerhirse, Grüne Borstenhirse, Fadenfingerhirse und andere, stärker ausgebreitet haben. Deshalb werden neuerdings gegen Hirsearten Alachlor oder ähnliche Verbindungen den Triazinen zugesetzt. Der Mais ist das erste Beispiel für eine radikale Vereinfachung der Pflegemaßnahmen nach dem Herbizideinsatz. Während früher nach dem Auflaufen des Maises 3 Bearbeitungsgänge mit der Hackmaschine und dem Striegel notwendig waren, wird der Mais heute höchstens noch einmal nach dem Auflaufen bearbeitet.

Simazin und Atrazin besitzen gegenüber dem Mais eine physiologisch bedingte Selektivität, sie werden vom Mais in jedem Entwicklungsstadium vertragen und dürfen auch auf sehr leichten humusarmen Böden angewendet werden. Beide Herbizide können auch bereits vor der Aussaat des Maises auf den saatferigen Acker ausgebracht werden. Durch eine Einarbeitung der Mittel in den Boden wird die Sicherheit des Erfolges erhöht. Da Simazin gegen bereits aufgelaufene Unkräuter nicht mehr sicher wirkt, muß seine Anwendung auf jeden Fall vor Beginn des Auflaufens der Unkräuter erfolgen. Erfahrungsgemäß ist dieser Zeitpunkt in der Regel einige Tage nach der Aussaat erreicht. Atrazin hat dagegen wegen seiner Aufnahme über Wurzeln und Blätter den Vorteil, auch noch nach dem Auflaufen der Unkräuter eingesetzt werden zu können. Es hat damit eine größere Anwendungszeitspanne und kann, z. B. wenn der Boden kurz vor oder nach der Aussaat sehr trocken ist, auch mit gutem Erfolg noch nach dem Auflaufen der Unkräuter — am günstigsten während des Keimblattstadiums — ausgebracht werden, ohne in der Wirkung auf die bereits vorhandenen Unkräuter stark von der Bodenfeuchte bzw. nachfolgenden Niederschlägen abhängig zu sein.

Beide Herbizide verbinden mit dem Vorteil ihrer über Monate andauernden Wirkung den Nachteil einer möglichen Beeinflussung der Nachfrüchte. Die vieljährigen Erfahrungen bezüglich Nachfruchtschäden haben deshalb für beide Herbizide zu der Forderung geführt, sie nicht später als den 1. Juni anzuwenden.

Als Nachfrüchte eignen sich Winter- und Sommergetreide, Kartoffeln und großsamige Leguminosen. *Beta*-Rüben, Raps, Gemüsearten und kleinsamige Leguminosen sind als Nachfrüchte nicht geeignet.

2,4-D wird vorteilhaft besonders auf stärker mit Disteln verunkrauteten Schlägen angewendet.
Für Maisflächen, die bis zum 1. Juni nicht mit Simazin oder Atrazin behandelt wurden, ist 2,4-D z. Z. das einzige dann noch anwendbare Herbizid.

Tabelle 4

Herbizidanwendung in Mais

Herbizid	Behandlungszeitpunkt betr. Kulturpflanzen		Wirkstoffaufwandmenge in kg/ha	Brüheaufwandmenge in l/ha Spritzen	Sprühen
Simazin	VA	kurz nach Aussaat	1 ···2	200···600	200
Atrazin	VA		0,8···1,3	200···600	200
	NA	nicht später als 1. Juni	0,8···1	200···600	200
2,4-D-Natrium	NA	Wuchshöhe 20···25 cm	1,3	200···600	200
2,4-D-Amin	NA	Wuchshöhe 20···25 cm	0,7	200···600	200
Alachlor	VA	kurz nach Aussaat	1,6···2,4	200···600	200

Anwendungshinweise

Alachlor wurde speziell zur Hirsebekämpfung anerkannt. Da die Wirkung dieses Herbizides gegen dikotyle Unkräuter nicht ausreicht, sollte es kombiniert mit Simazin oder Atrazin ausgebracht werden.

4.3. Gräservermehrung

Der Anbau von Gräsern zur Vermehrung hat in den letzten Jahren an Bedeutung gewonnen. Es werden etwa 10 Futtergräser zur Samengewinnung angebaut, bei denen die Unkrautvernichtung auf chemischem Wege in Frage kommt. Der Wachstumsrhythmus der meisten Gräser unterscheidet sich sehr von dem der Getreidearten, daß Erfahrungen mit Herbiziden zu Getreide nur sehr bedingt auf Futtergräser übertragen werden können.

Anwendungshinweise

DNOC: Mit geringem Druck und nicht zu feinen Düsen spritzen. Die günstigsten Bedingungen herrschen, wenn einige Tage vor der Behandlung warmes, sonniges Wetter die Wachsschichtausbildung gefördert hat und am Behandlungstag eine hohe Luftfeuchte (>70%) und mäßig warme Temperaturen (ca. 17···20 °C) vorhanden sind. Die Behandlung im Herbst sollte bis Ende Oktober und möglichst an sonnigen Tagen durchgeführt werden.

Tabelle 5

Herbizidanwendung bei der Gräservermehrung

Herbizid	Behandlungszeitpunkt betr. Kulturpflanzen	Wirkstoffaufwandmenge in kg/ha	Brüheaufwandmenge in l/ha Spritzen	Sprühen
DNOC	NA ab 3-Blattstadium der Gräser oder nach Räumung der Deckfrucht im Samennutzungsjahr nach Vegetationsbeginn bei DNOC oder ab Beginn des Streckungswachstums	2,1···3,1	600	
MCPA		1,4	200···600	
Tankmischung aus DNOC + MCPA		2 } 1 }	600	
Mecoprop		2···2,4	200···600	
Dichlorprop		2···2,4	200···600	

Phenoxyfettsäuren: Diese Herbizide wirken erst bei Temperaturen ab 10···15 °C und möglichst hoher Luftfeuchte gut. Dabei kommt es nicht allein auf die Witterung am Behandlungstag, sondern in noch stärkerem Maße auf das Wetter an den nachfolgenden Tagen an. Die Behandlungen müssen in den genannten Entwicklungsstadien der Gräser erfolgen. Im Samennutzungsjahr ist die Ausbringung bis zum Sichtbarwerden der Infloreszenzen abzuschließen.

4.4. Kartoffeln

Der Kartoffelanbau beträgt in der DDR ungefähr 600000 ha, davon werden über 45% mit Herbiziden zur Unkrautbekämpfung behandelt, ein weiterer Teil zur Krautabtötung. Nach dem Mais war die Kartoffel die nächste Kulturpflanze, bei der durch den Herbizideinsatz die Nachauflaufpflege sehr eingeschränkt werden konnte. Durch zahlreiche Untersuchungen aus der DDR wie aus anderen Ländern konnte der Nachweis erbracht werden, daß bei der Kartoffel, wenn sie unter unkrautfreien Bedingungen aufwächst, auf die Pflege im allgemeinen verzichtet werden kann. Schwere zur Verkrustung neigende Lehmböden bilden eine Ausnahme.

Zur Bekämpfung einjähriger Unkräuter ist man vielfach bereits zu einem umfangreichen Einsatz der Kombinationen mit Bodenherbiziden übergegangen. In anderen Betrieben hat sich dagegen die Anwendung von MCPA leider zu einer von vornherein geplanten Standardmaßnahme entwickelt, die häufig nicht zum richtigen Zeitpunkt (20···25 cm Wuchshöhe der Kartoffeln), sondern viel später erfolgt. Bei Routineeinsatz von MCPA ist zu bedenken, daß dieses Herbizid gegenüber den Kartoffeln nicht völlig harmlos ist, sondern mit negativen Ertragsbeeinflussungen von durchschnittlich ca. 5% gerechnet werden muß. Nur durch eine rechtzeitige Bekämpfung auf stärker verunkrauteten Schlägen kann dieser Nachteil aufgewogen und durch gute Bekämpfungserfolge in einen Vorteil verwandelt werden.

Tabelle 6

Herbizidanwendung in Kartoffeln

Herbizid	Behandlungszeitpunkt betr. Kulturpflanzen		Wirkstoff-aufwandmenge in kg/ha	Brüheaufwandmenge in l/ha Spritzen	Sprühen
Chloralhydrat	VS	3…4 Wochen vor Auspflanzen	14…18	200…600	200
Dalapon-Natrium	VS		14…18	200…600	200
Prometryn	VA	kurz vor dem Auflaufen	1,3…1,5	200…600	200
Prometryn + Simazin	VA	kurz vor dem Auflaufen	1,3…1,6	200…600	200
Metobromuron	VA	kurz vor dem Auflaufen	2…2,5	200…600	200
Tankmischung aus DNOC + Simazin	VA	kurz vor dem Auflaufen	2,5 + 0,4…0,5	200…600	200
MCPA + Simazin	VA	kurz vor dem Auflaufen	1,3 + 0,4…0,5	200…600	200
MCPA	NA	bei Wuchshöhe von 20…24 cm	1	600	—
MCPB	NA	bei Wuchshöhe von 20…25 cm	1,5	600	

Anwendungshinweise

Chloralhydrat und Dalapon-Natrium dürfen nicht auf schweren Böden eingesetzt werden, da erhöhte Schadensgefahr für die Kartoffeln besteht. Diese Herbizide dürfen ebenfalls nicht auf Böden angewendet werden, die unter stauender Nässe leiden. Die Wartezeit zwischen Behandlung und Auspflanzen bei vorgekeimten Kartoffeln beträgt 3 Wochen. Vermehrungskartoffeln dürfen nicht behandelt werden, da durch evtl. Blattverbildungen Schwierigkeiten bei der Selektion und Feldanerkennung eintreten können. Flächen, die mit der Sorte ‚Ora‘ bestellt werden sollen, dürfen ebenfalls nicht behandelt werden, da diese Sorte unter bestimmten Bedingungen empfindlicher gegenüber diesen Herbiziden ist als andere. Die Behandlung muß auf bereits gepflügtem Acker erfolgen. Das Einarbeiten erhöht die Erfolgssicherheit.

Prometryn ist zum Einsatz in Frühkartoffeln anerkannt. Es wird etwa eine Woche nach dem letzten Abstriegeln der Dämme vor dem Auflaufen der Kartoffeln angewendet. Günstig ist es, wenn zu diesem Zeitpunkt schon möglichst viele Unkräuter aufgelaufen sind. Weitere mechanische Pflegearbeiten sind nach der Behandlung zu unterlassen. Durch Niederschläge verdichtete schwere Böden können in der Furchensohle mittels flach ziehendem — nicht aber wühlendem — Gerät aufgelockert werden. Falls es für die Ernte erforderlich ist, ist vor Bestandeschluß ein Anhäufeln möglich.

Prometryn darf nicht auf Flächen angewendet werden, die einen starken Besatz von mehrjährigen Unkräutern aufweisen (z. B. Quecke).
Prometryn darf nicht auf tiefmeliorierten Flächen eingesetzt werden. Die grundsätzlichen Vorbedingungen für die Anwendung von Bodenherbiziden sind zu beachten.

Prometryn + Simazin ist zur Anwendung in mittelfrühen, mittelspäten und späten Kartoffeln anerkannt. Weitere Anwendungsbedingungen siehe unter Prometryn.

Metobromuron: Bezüglich der Anwendungsbedingungen siehe Kombination Prometryn + Simazin.

Tankmischungen aus MCPA + Simazin und DNOC + Simazin sind für alle Reifegruppen anerkannt. Bezüglich der Anwendungsbedingungen siehe unter Prometryn.

MCPA und MCPB: Diese Herbizide sind anerkannt zur Anwendung in mittelfrühen, mittelspäten und späten Sorten. Die frühen Sorten sind sehr empfindlich und können mit starken Ertragsminderungen reagieren. In Vermehrungskartoffeln ohne vorherige Rücksprache mit einem DSG-Anbauberater dürfen MCPA und MCPB nicht angewendet werden, da es durch evtl. Blattdeformationen Schwierigkeiten bei der Selektion und Feldanerkennung geben kann. Siehe auch Vorspann.

4.5. *Beta*-Rüben

In der Republik werden ca. 230000 ha Zuckerrüben und ca. 130000 ha Futterrüben angebaut. Von den Zuckerrüben wurden 1969 etwa $^1/_3$ mit Herbiziden behandelt. Der erfolgreiche Herbizideinsatz bringt im Rübenbau durch Einsparung bei der Handhacke erhebliche arbeitswirtschaftliche Vorteile. Leider sind die zur Zeit im Einsatz befindlichen Bodenherbizide noch mit dem Risiko behaftet, daß sie unter trockenen Bodenverhältnissen nicht wirken. Dabei kommt es nicht nur auf die Bodenfeuchtigkeit zur Zeit der Behandlung, sondern auch in den folgenden 2 Wochen an. Während man die Bodenfeuchtigkeit zur Anwendung für die Ausbringung der Herbizide noch berücksichtigen kann, läßt sich die Niederschlagsentwicklung für die darauffolgenden Wochen nicht vorhersehen.
Außerdem reicht die Selektivität einiger im Rübenanbau verwendeter Herbizide noch nicht aus. Bekanntlich gehören ja die *Beta*-Rübe und ihr Hauptunkraut, der Weiße Gänsefuß, in die gleiche Pflanzenfamilie.

Auf die Einhaltung der Anwendungsvorschriften der Herbizide und sonstigen Empfehlungen, die vom Hersteller in sehr detaillierter Form vorliegen, wird bezüglich der Kombinationsprodukte deshalb mit besonderem Nachdruck hingewiesen, wenngleich bei Wiederholung gleicher oder ähnlicher Witterungsverhältnisse wie im April und Mai 1968 und 1969 Schäden nicht vermeidbar sein werden.
Die herbizide Leistung der Carbamat-Kombinationen und des Pyrazon sind im Durchschnitt erfahrungsgemäß praktisch gleich, wobei auf schweren Böden die Kombinationen, auf mittleren und leichteren Böden Pyrazon günstiger wirkte. Die weitgehend physiologisch bedingte Selektivität des Pyrazon gegenüber den *Beta*-Rüben erlaubt seine Anwendung bereits vor der Aussaat der Rüben. Diese Anwendungsart erhöht bei oberflächlich trockenen Böden bzw. in niederschlagsarmen Gebieten die Erfolgswahrscheinlichkeit. Das Pyrazon muß bei der Voraussaatanwendung flach (etwa 2 cm tief) eingearbeitet werden.

Tabelle 7

Herbizidanwendung in *Beta*-Rüben

Herbizid	Behandlungszeitpunkt betr. Kulturpflanzen		Wirkstoff-aufwandmenge in kg/ha	Brüheaufwandmenge in l/ha Spritzen	Sprühen
Chloralhydrat	VS	bis 10 Tage vor der Aussaat	14···21	200···600	200
Proximpham + Propham + Diuron	VA	bis 4 Tage vor dem Auflaufen	3,6···5,2 1,2···1,7*	400···600	–
Proximpham + Propham + Fenuron	VA	bis 4 Tage vor dem Auflaufen	3,6···5,2* 1,2···1,7	130···200	–
Pyrazon	VA	bis 4 Tage vor dem Auflaufen	1,6···2 bzw. 0,5···0,7*	400···600 130···200	– –
Phenmedipham	NA	ab 1. Laubblättern der Rüben	1	400···600	

* für Bandspritzung

Anwendungshinweise

Chloralhydrat: Die Fläche muß bereits vor der Behandlung gepflügt werden. Eine flache Einarbeitung des Mittels in den Boden erhöht die Erfolgssicherheit. Dieses Herbizid darf nicht auf staunassen Böden eingesetzt werden.

Kombinationen aus Carbamaten und Harnstoffen: Die Mittelaufwandmengen bei Bandspritzbehandlung beziehen sich auf ca. 14 cm Bandbreite; sie dürfen nur auf Flächen angewendet werden, die folgende Grundforderungen erfüllen:

1. Feinkrümeliges, ebenes Saatbett,
2. gleichmäßige Tiefenablage der Samen in etwa 3 cm Tiefe,
3. optimale Keimungs- und Auflaufbedingungen für die Rüben.

Nach Möglichkeit sind folgende weitere Forderungen zu erfüllen: Es ist eine PK-Grunddüngung im Herbst zu geben und eine Herbst- oder Winterfurche ist zu ziehen. Eine N-Düngergabe ist nicht vor der Aussaat, sondern zwischen Aufgang und Vereinzeln zu verabfolgen. Aus Vorsichtsgründen sind diese Kombinationen vorrangig auf Flächen anzuwenden, die mit polykarpem Saatgut bestellt wurden. Bei Einzelkornaussaat sind die Aussaatmengen etwas zu erhöhen, falls der Einsatz dieser Mittel beabsichtigt ist.
Zum Brechen von Bodenverkrustungen, die den Auflauf der Rüben gefährden, können auf behandelten Schlägen neben Rauhwalzen auch Striegel oder Egge eingesetzt werden. Die Herbizidkombinationen sollen nicht auf stark erhitzte Böden gespritzt werden.

Pyrazon: Die für die Kombinationen genannten Grundforderungen gelten für Pyrazon. In Gebieten, in denen erfahrungsgemäß z. Z. der Behandlung der Rüben mit längerer Trockenheit zu rechnen ist, kann Pyrazon bereits vor der Aussaat ausgebracht, muß aber dann oberflächlich (bis ca. 2 cm Tiefe) in den Boden eingearbeitet werden.

Phenmedipham wirkt dann am besten, wenn die Unkräuter z. Z. der Anwendung noch nicht über das Keimblattstadium hinausgewachsen sind.

4.6. Leguminosen

Der Leguminosenanbau macht in der DDR etwa 350000 ha aus. Während bei den großsamigen Arten, wie Ackerbohnen, Erbsen und Lupinen bereits seit Jahren fast die gesamte Anbaufläche mit Herbiziden behandelt wird, ist bei Rotklee und Luzerne die chemische Unkrautbekämpfung meist auf das Aussaatjahr beschränkt. Bei Serradella hat sich der Herbizideinsatz in den letzten Jahren ebenfalls entwickelt. Bei den großsamigen Arten können sowohl Boden- wie Blattherbizide eingesetzt werden, bei den kleinsamigen nur Blattherbizide. Bei der Unkrautbekämpfung in Blanksaaten von Rotklee und Luzerne tritt mit der Vogelmiere ein Leitunkraut auf, das durch Phenoxybuttersäure- und Phenoxyessigsäurepräparate nicht zu bekämpfen ist. In mehrjähriger Luzerne macht sich neuerdings neben der Quecke der Krause Ampfer breit.

4.6.1. Luzerne

Luzerneblanksaaten sind durch Unkräuter besonders gefährdet. Bei der Auswahl des Herbizides ist auf die Unkrautflora des betreffenden Schlages Rücksicht zu nehmen, da z. B. Hederich von 2,4-DB nicht vernichtet wird. Das herbizide Wirkungsspektrum von Dinosebazetat ist breiter, es ist deshalb im Zweifelsfall der 2,4-DB vorzuziehen. Diese Herbizide können auch in mehrjähriger Luzerne eingesetzt werden, sofern die Verunkrautung dazu zwingt.
Zur Bekämpfung von Ungräsern (z. B. Quecken) in mehrjähriger Luzerne ist z. Z. kein Präparat amtlich anerkannt.

Tabelle 8

Herbizidanwendung in Luzerne

Herbizid	Behandlungszeitpunkt betr. Kulturpflanzen		Wirkstoff-aufwandmenge in kg/ha	Brüheaufwandmenge in l/ha Spritzen	Sprühen
2,4-DB	NA	nach Ausbildung des 1. Fiederblattes	2	600	–
Dinosebazetat	NA	nach Ausbildung des 1.···3. Fiederblattes	1,6	600	-

Luzerneblanksaaten (im Ansaatjahr)

Luzerneuntersaaten im Getreide siehe unter 4.1. Getreide mit Untersaaten

Anwendungshinweise

Dinosebazetat ist möglichst bei hoher relativer Luftfeuchte (nicht unter 60%) und Temperaturen um 20 °C auszubringen, da dann die beste Wirkung zu erzielen ist. Es darf nicht auf taunasse Bestände oder bei heißem, trockenem oder windigem Wetter gespritzt werden. Die Unkräuter sollten z. Z. der Behandlung nicht mehr als 4 Laubblätter entwickelt haben.

4.6.2. Rotklee

Wegen der größeren herbiziden Breitenwirkung der Kombination aus MCPB + MCPA, das u. a. auch den Hederich im Gegensatz zu MCPB erfaßt, ist diese Kombination vor dem anderen in der Tabelle genannten der Vorzug zu geben.

Rotkleeblanksaaten (im Ansaatjahr)

Rotkleeuntersaaten in Getreide siehe unter 4.1. Getreide mit Untersaaten.

Tabelle 9

Herbizidanwendung in Rotklee

Herbizid	Behandlungszeitpunkt betr. Kulturpflanzen		Wirkstoff-aufwandmenge in kg/ha	Brüheaufwandmenge in l/ha Spritzen	Sprühen
MCPB	NA	nach Ausbildung des 1. Fiederblattes	2	600	
MCPB + MCPA	NA	nach Ausbildung des 3. Fiederblattes	insges. 1,5	600	—

4.6.3. Serradella

Tabelle 10

Herbizidanwendung in Serradella

Herbizid	Behandlungszeitpunkt betr. Kulturpflanzen		Wirkstoff-aufwandmenge in kg/ha	Brüheaufwandmenge in l/ha	
				Spritzen	Sprühen
DNOC	NA	Wuchshöhe 0,5···1 cm	1,7	600	–

Anwendungshinweise

Serradellablätter müssen z. Z. der Behandlung noch aufrecht stehen. Spätere Spritzungen können schwere Schäden zur Folge haben. Es muß mit geringem Druck und nicht zu feinen Düsen großtropfig gespritzt werden. Bei starker Sonneneinstrahlung und Temperaturen über 25 °C darf nicht behandelt werden.

4.6.4. Sommerwicken

Tabelle 11

Herbizidanwendung in Sommerwicken

Herbizid	Behandlungszeitpunkt betr. Kulturpflanzen		Wirkstoff-aufwandmenge in kg/ha	Brüheaufwandmenge in l/ha	
				Spritzen	Sprühen
Dinosebazetat	NA	nach Auflaufen bis 10 cm Höhe	1,6	600	–

Anwendungshinweise siehe unter Hinweise für Dinosebazetat bei Luzerne

4.6.5. Ackerbohnen

Der Vorzug des Prometryn ist darin zu sehen, daß es die Ackerbohnen bereits in den frühesten Entwicklungsphasen von der Unkrautkonkurrenz weitestgehend freihält und über eine vielwöchige Dauerwirkung verfügt.

Anwendungshinweise

Prometryn darf nicht auf leichten Böden angewendet werden. Die Mindestsaattiefe muß 5 cm betragen.

Tabelle 12

Herbizidanwendung in Ackerbohnen

Herbizid	Behandlungszeitpunkt betr. Kulturpflanzen		Wirkstoff-aufwandmenge in kg/ha	Brüheaufwandmenge in l/ha Spritzen	Sprühen
Prometryn	VA		1···1,3	200···600	200
Dinoseb	NA	Wuchshöhe 5···10 cm	0,8···1,2	600	—
MCPB	NA	Wuchshöhe 8···15 cm	2	600	—
Triallat	VS		1,4	200···600	200
Barban	NA		0,5···0,6	200	—

Dinoseb: Dieses Herbizid darf nicht bei starker Sonneneinstrahlung und Temperaturen über 25 °C angewendet werden. Es muß mit geringem Druck (nicht über 3 kp/cm^2) und mit nicht zu feinen Düsen bei möglichst bedecktem Himmel und hoher rel. Luftfeuchte (nicht unter 70%) gespritzt werden. Auf leicht erwärmbaren Böden in Südhanglage ist an sonnigen Tagen bereits bei geringeren Temperaturen als 25 °C mit stärkeren Schäden zu rechnen. Bei nicht ausreichender Wachsschichtausbildung, die vor der Behandlung geprüft werden muß, ist die Aufwandmenge auf 4 l/ha zu senken.

MCPB wirkt nicht gegen Hederich und bestimmte andere Unkräuter (siehe Tabelle). Es ist deshalb vorzugsweise zur Distelbekämpfung bei ca. 15 cm Wuchshöhe der Ackerbohnen einzusetzen, damit ist die Distel groß genug, um genügend Wirkstoff aufzunehmen.

Triallat ist zur Einschränkung des Wildhaferaufwuchses anerkannt. Es ist wenige Tage vor der Aussaat in den Boden einzuarbeiten.

Barban wurde ebenfalls zur Einschränkung des Wildhaferaufwuchses anerkannt und wird angewendet, wenn die Masse der Wildhaferpflanzen sich im 1···2$^1/_2$-Blattstadium befindet.

4.6.6. Erbsen

Bei der Auswahl des Herbizides ist auf die örtlichen Verhältnisse (z. B. Bodenart, Sorte u. a.) besondere Rücksicht zu nehmen, da eine Nichtbeachtung der unter ‚Anwendungshinweisen' genannten Anwendungsbedingungen zu Schäden an den Erbsen führen kann. Für Grünpflückerbsen auf mittleren und schweren Böden ist Prometryn gut geeignet. Eine unterschiedliche Sortenempfindlichkeit ist dagegen relativ stark gegenüber DNOC ausgeprägt. Je stärker und gleichmäßiger die Sorten die Wachsschicht ausbilden und je steiler ihre Sproß- und Blattstellung sind, desto unempfindlicher sind die Sorten mit sehr lockerem Wuchs und langen Internodien vom Typ ‚Maienmarkt' und ‚Maipal'. Sie vertragen die frühe Spritzung bis etwa 8 cm Wuchshöhe besser als die späte, da sie dann noch eine steilere Sproß- und Blattstellung haben. Dinoseb ist erbsenverträglicher als DNOC und sollte nach Möglichkeit diesem vorgezogen werden. MCPB sollte vorzugsweise auf stärker verdistelten Schlägen bei ca. 15 cm Wuchshöhe der Erbsen eingesetzt werden, damit die Disteln bereits groß genug sind, um genügend Wirkstoff aufnehmen zu können.

Tabelle 13

Herbizidanwendung in Erbsen

Herbizid	Behandlungszeitpunkt betr. Kulturpflanzen		Wirkstoff-aufwandmenge in kg/ha	Brüheaufwandmenge in l/ha Spritzen	Sprühen
Simazin	VA		1,9	200···600	200
Prometryn	VA		1,3···1,5	200···600	200
Dinoseb	NA	Wuchshöhe 5···15 cm	0,8···1,2	600	—
DNOC	NA	Wuchshöhe 5···15 cm	1,5	600	—
MCPB	NA	Wuchshöhe			
	—	10···15 cm	2	600	—
Triallat	VS		1,4	200···600	200
Barban	NA		0,5	200	—

Anwendungshinweise

Simazin ist nur auf schweren Böden und in Erbsen zur Körnergewinnung anzuwenden. Die Saattiefe muß mindestens 5 cm betragen. Simazin darf nicht in Grünpflückerbsen wegen möglicher Nachfruchtschäden eingesetzt werden. Nach der Anwendung muß tiefes Hacken vermieden werden. Aufgelaufene Unkräuter z. Z. der Behandlung können mit 1,8 kg/ha DNOC, die der Spritzbrühe zugesetzt werden, bekämpft werden.

Prometryn nicht auf leichten Böden anwenden. Zur Zeit der Behandlung dürfen keine Bodenrisse vorhanden sein. Die Unkräuter können aufgelaufen sein. Prometryn ist für Grünpflückerbsen zu empfehlen.

DNOC ist gegenüber Erbsen aggressiver als Dinoseb. Die Sortenempfindlichkeit muß hierbei beachtet werden (siehe Vorspann). Die Erbsen müssen bereits eine ausreichende schützende Wachsschicht ausgebildet haben, deshalb ist nach 2···3 trockenen und warmen Tagen zu behandeln. Bei Regen, praller Sonne und Temperaturen über 22 °C darf nicht gespritzt werden. Die Spritzbrühe ist mit geringem Druck (nicht über 3 kp/cm^2) und nicht zu feinen Düsen großtropfig auszubringen. Einige Tage vor und nach der Behandlung darf nicht gestriegelt werden.

Dinoseb ist erbsenverträglicher als DNOC, jedoch müssen die Vorsichtsmaßnahmen ebenso wie bei DNOC eingehalten werden. Wenn die Wachsschicht noch nicht genügend ausgebildet ist, muß die Aufwandmenge auf 4 l/ha gesenkt werden.

MCPB wird vorrangig zur Distelbekämpfung eingesetzt, jedoch ist die herbizide Breitenwirkung geringer als bei den bereits genannten Herbiziden. Da frühreife und langwüchsige Erbsensorten empfindlicher sind als späte, ist eine niedrigere Aufwandmenge/ha zu wählen. Ebenso kann eine Tankmischung mit Dinoseb angewendet werden.

Triallat wird einige Tage vor der Aussaat zur Einschränkung des Wildhaferaufwuchses in den Boden eingearbeitet.

Barban wird ebenfalls zur Einschränkung des Wildhaferaufwuchses eingesetzt. Die Masse der Wildhaferpflanzen muß sich im 1···2 1/2-Blattstadium befinden.

4.6.7. Lupinen

Tabelle 14

Herbizidanwendung in Lupinen

Herbizid	Behandlungszeitpunkt betr. Kulturpflanzen		Wirkstoffaufwandmenge in kg/ha	Brüheaufwandmenge in l/ha Spritzen	Sprühen
Simazin	VA	wenige Tage nach der Aussaat	0,8···1,3	200···600	200

Anwendungshinweise

Simazin kann mittels Striegel flach eingearbeitet werden. Dieses ist besonders auf oberflächlich schnell austrocknenden leichten Böden wirkungsverbessernd.

4.7. Übrige Kulturen

4.7.1. Raps

Tabelle 15

Herbizidanwendung in Winterraps

Herbizid	Behandlungszeitpunkt betr. Kulturpflanzen	Wirkstoffaufwandmenge in kg/ha	Brüheaufwandmenge in l/ha Spritzen	Sprühen
Chloralhydrat	bis 5 Tage vor der Aussaat	1,4···2,1	200···600	200

4.7.2. *Futterkohl*

Tabelle 16

Herbizidanwendung in Futterkohl

Herbizid	Behandlungszeitpunkt	Wirkstoff-aufwandmenge in kg/ha	Brüheaufwandmenge in l/ha Spritzen	Sprühen
Desmetryn	ab 4-Blattstadium	0,2	600	–

Anwendungshinweise

Desmetryn kann unter bestimmten Witterungsverhältnissen zu zeitweiligen Schäden an den Futterkohlpflanzen führen, die sich nach einigen Wochen wieder ausgewachsen haben und den Ertrag nicht beeinflussen. Vor Überdosierungen wird gewarnt. Die Unkräuter sollen z. Z. der Behandlung möglichst nicht mehr als 4 Laubblätter besitzen. Dieses Ziel muß gegebenenfalls durch mechanische Bodenbearbeitung vor der Behandlung unterstützt werden. Spätestens 8 Tage vor der Spritzung müssen die mechanischen Pflegemaßnahmen beendet sein. Zur Zeit der Spritzung sollte der Futterkohl trocken sein und eine gute Wachsschicht ausgebildet haben. Großtropfig spritzen! Nach der Behandlung den Boden nur flach bearbeiten.

4.7.3. *Faserlein*

Tabelle 17

Herbizidanwendung in Faserlein

Herbizid	Behandlungszeitpunkt betr. Kulturpflanzen		Wirkstoff-aufwandmenge in kg/ha	Brüheaufwandmenge in l/ha Spritzen	Sprühen
Tankmischung aus	NA	Wuchshöhe			
DNOC + MCPA		8···15 cm	1,1		
			0,5	600	–
DNOC	NA	Wuchshöhe 5···8 cm	1,5	600	–
MCPA	NA	Wuchshöhe 8···15 cm	0,6	600	–

Anwendungshinweise

Eine Tankmischung ist wegen einer guten herbiziden Breitenwirkung vorzuziehen. Die Wachsschicht des Leins muß ausreichend ausgebildet sein, da sonst Ätzschäden zu befürchten sind.

DNOC erfordert etwa die gleichen Bedingungen wie in „Anwendungshinweisen“ für DNOC in Erbsen angegeben.

4.7.4. Landwirtschaftliche Nutzflächen nach der Ernte

Wie in vielen anderen Ländern erhält auch bei uns die Quecke wachsende Bedeutung. Aus verschiedenen Gründen (z. B. Fruchtfolge u. a.) kann die chemische Bekämpfung häufig im Herbst erfolgen.

Tabelle 18

Herbizidanwendung auf landwirtschaftlichen Nutzflächen nach der Ernte

Herbizid	Behandlungszeitpunkt betr. Kulturpflanzen	Wirkstoff-aufwandmenge in kg/ha	Brüheaufwandmenge in l/ha Spritzen	Sprühen
Dalapon-Natrium	nicht später als Ende Oktober	9···14	200···600	200
Chloralhydrat	nicht später als Ende Oktober	28···42	200···600	200
TCA	nicht später als Ende Oktober	28···44	200···600	200
Natriumchlorat	sofort nach der Ernte, nicht später als Ende September	100···300	Streuen	

Anwendungshinweise

Dalapon-Natrium soll möglichst schon auf die Quecken in den Stoppeln gespritzt werden. Zwischen Behandlung und Pflügen sollten wenigstens 2, besser 6 bis 8 Wochen liegen. Auf ein tiefes und sorgfältiges Pflügen sollte großer Wert gelegt werden, damit alle Queckenteile möglichst tief vergraben werden, so daß aus eventuell noch lebenden Teilen der Stengelausläufer keine Knospen wieder austreiben können. Bei Behandlung nach vorheriger Bodenbearbeitung muß die Quecke erst wieder ausreichend Blattmasse gebildet haben, um genügend Wirkstoff aufnehmen zu können. Zwischen Behandlung und Neuaussaat (Behandlung nicht später als Ende Oktober) sollten etwa 4 Monate liegen. Wenn im Herbst behandelt und erst im Frühjahr gepflügt wird, so ist zwischen Pflügen und Neuaussaat ca. 1 Monat zu warten, sofern nicht Rüben, Kartoffeln oder Kohlrabi folgen, bei denen die Wartezeit kürzer ist und die im Frühjahr unbedenklich nachgebaut werden können, während der Nachbau von Getreide nicht ohne Risiko ist, besonders bei späten Behandlungen im Herbst.

Chloralhydrat wird auf die noch feuchte Schälfurche appliziert. Nach der Behandlung darf der Boden 4 Wochen lang nicht bearbeitet werden. Getreide kann selbst durch geringe Restmengen geschädigt werden. Ein Getreidenachbau ist deshalb frühestens im Frühjahr möglich, jedoch nicht ohne Risiko.

TCA wird entsprechend wie bei Chloralhydrat eingesetzt. Aus Vorsichtsgründen wird jedoch ein Getreidenachbau im folgenden Frühjahr nicht empfohlen.

Natriumchlorat: Die Aufwandmenge ist von der Bodenart, der Niederschlagsmenge u. a. abhängig. Eine Brachzeit von 7···8 Monaten ist zu beachten. Gerste, Rüben, Tomaten und Buschbohnen sind als Nachfrüchte nicht geeignet.

5. Anwendung der Herbizide im Gartenbau

5.1. Gemüsebau

Der Umfang des Feldgemüsebaues nimmt im Anbauumfang den ersten Platz ein. Auch Erbsen und Buschbohnen werden in stärkerem Maße angebaut. Zwiebeln und Möhren sind in der DDR ebenfalls wichtige Gemüsekulturen. Kohlarten, mit Ausnahme des Blumenkohls, des Kohlrabis und des Chinakohls, werden seit einigen Jahren in steigendem Maße mit Herbiziden behandelt. Auch bei den Gemüseerbsen wird die chemische Unkrautbekämpfung auf dem größten Teil der Anbaufläche durchgeführt. Bei Buschbohnen bereitete der Herbizideinsatz wegen Fehlens von Wirkstoffen mit genügender Selektivität Schwierigkeiten. Zwiebeln und Möhren werden ein- bis zweimal mit Herbiziden behandelt, um die Unkrautkonkurrenz möglichst während der ganzen Vegetationsperiode auszuschalten. Bisher werden die Herbizide im Feldgemüsebau als Ersatz der Handhacke bzw. des Jätens betrachtet.

5.1.1. Möhren

Zur Erhöhung der Sicherheit von Herbiziden ist die Aussaattiefe generell auf mindestens 2 cm einzustellen. Nach der Vorauflaufanwendung der Boden- und Blattherbizide wird eine flache Bodenbearbeitung innerhalb der ersten 3 Wochen nur nach eingetretener Verkrustung und zur Beseitigung evtl. nicht erfaßter Unkräuter notwendig.

Tabelle 19

Herbizidanwendung in Möhren

Herbizid	Behandlungszeitpunkt betr. Kulturpflanzen	Wirkstoff-aufwandmenge in kg/ha	Brüheaufwandmenge in l/ha Spritzen	Sprühen
Chlorpropham	VA	2,5···4	200···600	200
Chlorpropham +	VA	2 ···3	200···600	200
Propazin	NA	2 ···3	400···600	—
Prometryn	VA	1 ···1,5	200···600	200
	VA +	1 ···1,5	200···600	200
	NA	1	400···600	—
	NA	1,5	400···600	—
Schwerbenzin	NA	600 l		

Anwendungshinweise

Chlorpropham: Die Anwendung erfolgt im Zeitraum nach der Aussaat bis einige Tage vor dem Auflaufen. Die Keimlinge dürfen die Bodenoberfläche auf keinen Fall erreicht haben. Wegen seiner fehlenden Wirkung gegen Kreuzkraut, Franzosenkraut, Kamille und Taubnessel sowie unbefriedigender Wirkung gegen Nachtschatten, Ackerstiefmütterchen und Kohlgänsedistel ist Chlorpropham an vielen Standorten nicht sehr vorteilhaft einzusetzen. Bei sachgemäßer Dosierung ist keine Nachfruchtwirkung beim Einsatz in Frühmöhren zu erwarten.

Chlorpropham + Propazin kann sofort nach der Aussaat bis einige Tage vor dem Auflaufen eingesetzt werden. Wegen seiner größeren Wirkungsbreite und der längeren Wirkungsdauer ist es besonders für den Spätmöhrenanbau zu empfehlen. Von einem Einsatz in Frühmöhren ist wegen evtl. Gefährdung schnell folgender Nachfrüchte abzuraten.
In Spätmöhren besteht auch die Möglichkeit, Chlorpropham + Propazin zur Nachauflaufanwendung einzusetzen. Eine Vorauflaufanwendung von Prometryn, aber nicht von Chlorpropham + Propazin, sollte vorausgegangen sein. Die Möhren sollen mindestens 2···3 Fiederblätter voll ausgebildet haben.

Prometryn: Die Anwendungsbereiche untergliedern sich in

- Vorauflaufanwendung auf aufgelaufene Unkräuter bis kurz vor dem Auflaufen der Kulturpflanze,
- eine kombinierte Vor- und Nachauflaufanwendung, wobei die Vorauflaufanwendung zu dem vorn genannten Termin erfolgt (siehe S. **36**), die Nachauflaufanwendung frühestens nach Ausbildung von 1···2 Fiederblättern der Möhren. Die Nachauflaufanwendung erfolgt zweckmäßig erst bei beginnender Neuverunkrautung.

5.1.2. *Schwarzwurzeln*

Tabelle 20
Herbizidanwendung in Schwarzwurzeln

Herbizid	Behandlungszeitpunkt betr. Kulturpflanzen	Wirkstoff-aufwandmenge in kg/ha	Brüheaufwandmenge in l/ha Spritzen	Sprühen
Chlorpropham	VA	2···3	200···600	200
DNOC	VA	1,7	400···600	—

Anwendungshinweise

Chlorpropham: Die Einhaltung einer Aussaattiefe von wenigstens 2 cm ist notwendig. Der Spritztermin darf nicht bis kurz vor dem Auflaufen der Kulturpflanzen hinausgezögert werden. Nach der Applikation sollte die Bodenbearbeitung auf das unumgängliche Maß eingeschränkt werden.

DNOC kann noch einige Tage vor dem zu erwartenden Auflauf der Kulturpflanze eingesetzt werden, wenn Unkräuter auflaufen, die durch Chlorpropham nicht erfaßt werden.

5.1.3. Sellerie

Tabelle 21
Herbizidanwendung in Sellerie

Herbizid	Behandlungszeitpunkt betr. Kulturpflanzen	Wirkstoff-aufwandmenge in kg/ha	Brüheaufwandmenge in l/h Spritzen	Sprühen
Chlorpropham	NPf	2 ···3	400···600	–
Chlorpropham + Propazin	NPf	2 ···2,5	400···600	–
Prometryn	NPf	1,5	400···600	–
MCPB	NPf	1	600	–

Anwendungshinweise

Chlorpropham, Chlorpropham + Propazin und Prometryn: Der Zeitpunkt für alle 3 Präparate liegt nach dem Anwurzeln der Pflanzen. Die Hackarbeit kann stark eingeschränkt werden, sie soll auch bei notwendigem Krustebrechen nur flach erfolgen, am besten mit scharfen Winkelmessern.

MCPB wird vom Sellerie toleriert und kann ebenfalls nach dem Anwurzeln eingesetzt werden. Besonders zweckmäßig ist der Einsatz, wenn starke Distelnester vorhanden sind.

5.1.4. Porree

Anwendungshinweise

Für Saatporree gelten die gleichen Hinweise wie für Saatzwiebeln. Pflanzporree wird ca. 14 Tage nach dem Pflanzen, wenn die Pflanzen angewurzelt sind, behandelt.

DNOC ist nur in Saatporree vor dem Auflaufen einzusetzen, es gelten die gleichen Grundsätze wie bei Zwiebeln.

Prometryn bzw. Kombination Prometryn + Simazin darf nicht vor dem Anwurzeln des Porrees angewendet werden. Zur Ausnutzung der Blattwirkung darf erst dann gespritzt werden, wenn sich die Unkräuter im Keim- bzw. 2-Blattstadium befinden.

Tabelle 22

Herbizidanwendung in Porree

Herbizid	Behandlungszeitpunkt betr. Kulturplfanzen	Wirkstoff-aufwandmenge in kg/ha	Brüheaufwandmenge in l/ha Spritzen	Sprühen
Chlorpropham	VA	2 ···3	200···600	200
	NA	2 ···3	400···600	—
DNOC	VA	1,5	600	—
Prometryn	NPf	1,5	600	—
Prometryn + Simazin	NPf	1 ···1,3	600	—

5.1.5. Saatzwiebeln und Schnittlauch

Tabelle 23

Herbizidanwendung in Saatzwiebeln

Herbizid	Behandlungszeitpunkt betr. Kulturpflanzen		Wirkstoff-aufwandmenge in kg/ha	Brüheaufwandmenge in l/h Spritzen	Sprühen
Chlorpropham	VA		2 ···3	200···600	200
	NA	nicht im Peitschen-stadium	2 ···3	400···600	—
DNOC	VA		1,5	600	—
Chlorpropham + Propazin	NA	15 cm Pflanzenhöhe	8···12	400···600	—

Anwendungshinweise

Chlorpropham hat gegenüber den Zwiebelkeimpflanzen keine echte Selektivität. Im Zwiebelanbau ist daher alles zu unternehmen, was das Wachstum der Zwiebeln optimal gestaltet. Das gilt für die Vorbereitung eines gleichmäßig gartenmäßigen Saatbeetes ebenso, wie für die Saattiefe von ca. 3 cm und für spätere Pflegegänge (Krustebrechen).

Da die Versuche ergeben haben, daß selbst die Aussaattiefe von 4 cm ohne Einfluß auf den Ertrag und die sortentypische Form der Zwiebeln ist, sollte die geforderte Mindestsaattiefe von 3 cm unbedingt eingehalten werden.

Die der Herbizidanwendung folgenden Pflegegänge zielen auf die Lockerung und Durchlüftung der Bodenoberfläche hin und auf das Brechen einer evtl. vorhandenen Verkrustung. Jede unnötige mechanische tiefe Bodenbearbeitung bringt neue Unkrautsamen an die Oberfläche und fördert damit die Spätverunkrautung. Die Vorauflaufanwendung ist z. Z. als die Standardmethode anzusehen. Von ihr wird zunächst abzuweichen sein, wenn die Witterung es nicht anders gestattet. Der Nachauflaufanwendung muß die Vorauflaufanwendung eines Kontaktherbizides vorausgehen, da sonst die Unkräuter zu groß werden.

DNOC wird bis einige Tage vor dem Durchbrechen der Sämlinge eingesetzt. Der Einsatz von DNOC ist zu empfehlen, wenn das ausgebrachte Chlorpropham wegen zu großer Trockenheit nicht zum gewünschten Erfolg führt und bei kalter Witterung sowie hoher Bodenfeuchtigkeit zwar die Unkräuter, jedoch nicht die Zwiebeln auflaufen und dadurch die Vorauflaufanwendung des Chlorpropham nicht möglich war. Für die in der Praxis vielfach übliche Tankmischung von DNOC mit Chlorpropham bei Vorauflaufbehandlung und für die Nachauflaufanwendung von DNOC in Zwiebeln mit gut ausgebildeter Wachsschicht und 8···15 cm Höhe liegt keine Anerkennung vor. Beide Maßnahmen können nur als Notbehelf angesehen werden, da eine phytotoxische Schädigung der Zwiebeln nicht immer auszuschließen ist.

Chlorpropham + Propazin ist zum Einsatz gegen die Spätverunkrautung amtlich anerkannt. Es ist nach der letzten mechanischen Pflegemaßnahme ab 15 cm Pflanzenhöhe einzusetzen. Die Unkräuter dürfen das Keimblattstadium nicht überschritten haben, und die Wachsschicht soll gut ausgebildet sein. Eine Vorverlegung des Behandlungszeitpunktes führt zu Ertragsdepressionen. Wenn starker Kartoffeldurchwuchs sowie anderer Nachtschattenaufwuchs vorhanden ist, so kann auf eigenes Risiko als Notmaßnahme DNOC als Kombinationspartner eingesetzt werden. Allerdings ist eine sorgfältige Einschätzung dieser Maßnahmen notwendig, da durch Ätzschäden zu diesem Zeitpunkt der Zwiebelertrag stärker als durch den Durchwuchs geschädigt werden kann. Der Einsatz dieser Tankmischung darf nur bei gut ausgebildeter Wachsschicht erfolgen, und eine vorherige mechanische Bearbeitung sollte wenigstens 8 Tage zurückliegen.

5.1.6. Steckzwiebeln, Mutterzwiebeln und Zwiebelsamenträger

Anwendungshinweise

Chlorpropham und DNOC: Hier sind sinngemäß die Anwendungshinweise zu Saatzwiebeln zu übernehmen.

Prometryn kann in Steckzwiebeln und Zwiebelsamenträgern nach dem Stecken, jedoch vor dem Durchbrechen der Zwiebeln angewendet werden. Der Einsatz erfolgt am zweckmäßigsten, wenn die Unkräuter aufgelaufen sind. In Saatzwiebeln darf Prometryn wegen erheblicher Gefährdung der Kulturpflanze nicht angewendet werden, auch dann nicht, wenn die Zwiebeln schon 15···20 cm hoch sind.

Tabelle 24

Herbizidanwendung in Steckzwiebeln, Mutterzwiebeln und Zwiebelsamenträgern

Herbizid	Behandlungszeitpunkt betr. Kulturpflanzen	Wirkstoff-aufwandmenge in kg/ha	Brüheaufwandmenge in l/ha Spritzen	Sprühen
Chlorpropham	VA	2 ···3	200···600	200
	NA	2 ···3	400···600	—
DNOC	VA	1,5	600	—
Prometryn	VA	1 ···1,5	200···600	200
Prometryn + Simazin	VA/NA	1 ···1,3	400···600	—
Chlorpropham + Propazin	NA	2 ···3	400···600	—
Simazin		0,8···1		

Prometryn + Simazin ist bald nach dem Pflanzen oder vor dem Spritzen in Zwiebelsamenträgern, nicht in Steckzwiebeln, einzusetzen. Beim Einsatz sollten die Unkräuter aufgelaufen sein. Die Zwiebeln sollten ausreichend tief gepflanzt werden. Die Nachauflaufanwendung ist in Zwiebelsamenträgern ab 15···20 cm Schlottenhöhe gegen aufgelaufene Unkräuter zweckmäßig.

Chlorpropham + Propazin: Hier gelten sinngemäß die Anwendungshinweise wie bei Saatzwiebeln.

Simazin: Dieses Herbizid wird auf schweren Böden in Zwiebelsamenträgern nach dem Anhäufeln auf unkrautfreiem Boden angewendet.

5.1.7. *Buschbohnen (Trocken- und Grünpflückbohnen)*

Tabelle 25

Herbizidanwendung in Buschbohnen

Herbizid	Behandlungszeitpunkt betr. Kulturpflanzen		Wirkstoff-aufwandmenge in kg/ha	Brüheaufwandmenge in l/ha Spritzen	Sprühen
DNOC	VA		1,5	600	—
	NA	abgeschirmt 15 cm Bodenhöhe	1,5	600	—
Metobromuron	VA		1 ···1,5	200···600	200
Simazin	VA	gleich nach der Saat	0,6	200···600	200
Tankmischung aus DNOC + Simazin	NA	im 2···4-Blattstadium der Bohnen	2.6···3 + 0,8	600	

DNOC: Die Anwendung erfolgt kurz vor dem Auflaufen der Bohnen. Die Unkräuter sollen aufgelaufen sein. Eine Nachauflaufbehandlung ist nur abgeschirmt möglich, da sonst starke Ätzschäden eintreten. Die Anwendung kann ab 15 cm Bohnenhöhe erfolgen. Laufen nach Abschluß der mechanischen Pflegearbeiten wiederholt Unkräuter auf, so ist eine Wiederholung einer abgeschirmten Spritzung möglich. Das in Quedlinburg entwickelte „Torpedospritzgerät" hat sich gut für die abgeschirmte Nachauflaufbehandlung bewährt. Der Vorteil liegt darin, daß die in den Reihen stehenden Unkräuter, die von den Hackmessern nicht erfaßt werden, gut bekämpft werden. Nach etwa 3 Wochen nach dem Auflaufen der Bohnen sind die Stengel unempfindlich gegenüber DNOC.

Metobromuron hat sich auf schweren und mittleren Böden gut bewährt. Im Handel ist es z. Z. in geringen Mengen nur für Spezialbetriebe erhältlich. Dieses Herbizid wird sofort nach dem Drillen der Bohnen eingesetzt, weitere Herbizideinsätze sind dann nicht erforderlich. Für dieses Herbizid liegt bisher nur eine vorläufige Anerkennung zur Anwendung auf schweren und mittleren Böden vor. Es besteht eine ausgesprochene Sortenempfindlichkeit, die unbedingt beachtet werden muß. So wurden die Wachsbohnen ‚Harzgruß', ‚Algo', ‚Hakes Wachs', ‚Hacogold' und ‚Hakes Wachs Oeringergold in Versuchen äußerst stark geschädigt. Auch bei der Sorte „Undine" bestehen Bedenken. Daher ist es ratsam, das Herbizid, sobald es erhältlich ist, auf leichten und mittleren Böden erst versuchsweise unter den jeweiligen Betriebsverhältnissen einzusetzen.

Simazin wird gleich nach der Bestellung bei einer Saattiefe von mindestens 5 cm auf schweren Böden eingesetzt.

Tankmischung DNOC + Simazin wird im 2···4-Blattstadium der zur Körnergewinnung angebauten Buschbohnen mit abgeschirmten Düsen ausgespritzt.
Zu erwähnen ist noch, daß bei starker Distelverunkrautung eine abgeschirmte Spritzung mit einem MCPA-Präparat gute Dienste leisten kann.

5.1.8. *Freilandgurken*

Tabelle 26

Herbizidanwendung in Freilandgurken

Herbizid	Behandlungszeitpunkt betr. Kulturpflanzen		Wirkstoff-aufwandmenge in kg/ha	Brüheaufwandmenge in l/ha Spritzen	Sprühen
Naptalam	NS		5,4···7,2	600	–
DNOC	VA	unmittelbar vor dem Auflaufen	1,5	600	–

Anwendungshinweise

Naptalam soll sofort nach der Aussaat möglichst auf feuchten Boden ausgebracht werden. Da die für die Wirkung unbedingt notwendige Feuchtigkeit nicht immer vorhanden ist, kann der Behandlungserfolg zeitweilig ausbleiben. Wenn die Unkräuter aufgelaufen sind, ist es ratsam, kurz vor dem Auflaufen der Gurken noch ein Kontaktherbizid einzusetzen. Unter ungünstigen Witterungsbedingungen für das Wachstum der Gurken kann Naptalam zusätzliche Wachstumshemmungen verursachen. Daher ist eine Saattiefe von 3 cm und die Einhaltung der vorgeschriebenen Aufwandmenge unbedingt zu beachten. Eine Einarbeitung ist jedoch nicht zu empfehlen.

DNOC ist zum Einsatz in Freilandgurken als wertvoller Notbehelf anzusehen, wenn Naptalam wegen nicht ausreichender Feuchtigkeit nicht zur Wirkung kam. DNOC ist kurz vor dem Auflaufen der Gurken gegen bereits aufgelaufene Unkräuter einzusetzen.

5.1.9. Chicoree

Tabelle 27

Herbizidanwendung in Chicoree

Herbizid	Behandlungszeitpunkt betr. Kulturpflanzen	Wirkstoff-aufwandmenge in kg/ha	Brüheaufwandmenge in l/ha Spritzen	Sprühen
Chlorpropham	VA	2···2,5	200···600	200
DNOC	VA	1,9	400···600	—

Anwendungshinweise

Chlorpropham: Für die Verwendung in diesem Einsatzbereich liegen in der DDR nur wenig Praxiserfahrungen vor. Eine amtliche Anerkennung ist bisher hierfür nicht erteilt. Es wird eine Aussaattiefe von 2···3 cm empfohlen und die Applikation nicht zu nahe an den Auflauftermin heranzuziehen. Die mechanische Bodenbearbeitung ist so weit wie möglich einzuschränken.

DNOC kann bis einige Tage vor dem erwarteten Auflaufen der Kulturpflanze gegen Unkräuter im Keimblattstadium eingesetzt werden. Der Einsatz erfolgt besonders dann, wenn Chlorpropham aus Witterungsgründen nicht zur Wirkung kam oder wenn Unkräuter auflaufen, die von diesem Wirkstoff nicht erfaßt werden.

5.1.10. Kohlarten

Tabelle 28

Herbizidanwendung in Kohlarten

Herbizid	Behandlungszeitpunkt betr. Kulturpflanzen		Wirkstoff-aufwandmenge in kg/ha	Brüheaufwandmenge in l/ha Spritzen	Sprühen
Desmetryn	NPf	5 ausgebildete Kohlblätter	0,2	600	–
Simazin	NPf		0,8···1	600	–
Alachlor	VA				
	NA		2 ···2,4	200	–

Anwendungshinweise

Desmetryn: Am Pflanz- und Saatkohl (Grün-, Rosen-, Rot-, Weiß- sowie Wirsingkohl) sollen 5 Laubblätter bei der Behandlung ausgebildet sein. Die Pflanzen müssen gut angewurzelt sein. Die Widerstandsfähigkeit der Kohlpflanzen ist vom Alter der Pflanzen und von den zur Zeit der Spritzung herrschenden Witterungsbedingungen abhängig. Die Wachsschicht der Blätter soll zum Zeitpunkt der Spritzung gut ausgebildet sein. Gespritzt wird mit großen Tropfen möglichst auf trockene, unverletzte Pflanzen. Trotzdem können bei allen Kohlarten einige Tage nach der Behandlung Blattaufhellungen, Verbrennungen und Wuchshemmungen auftreten. Besonders empfindlich ist der Wirsingkohl. Beim Auftreten solcher Schäden sollte man voreilige Schritte vermeiden, da die Kohlpflanzen meist stark im Wachstum aufholen, und die Erträge nicht oder nur unbedeutend beeinflußt werden. Eine zweite Behandlung, besonders bei feldüberwinternden Kohlsamenträgern, ist möglich, um eine Spätverunkrautung einzuschränken. Blumenkohl, Kohlrabi und Chinakohl werden stark geschädigt und dürfen nicht behandelt werden.

Simazin ist zur Anwendung in Kohlsamenträgern „aus fertigen Köpfen" anerkannt. Es kann mit Desmetryn kombiniert angewendet werden, wodurch die Anwendung solange hinausgezögert werden kann, bis sich die Unkräuter im 2-Blattstadium befinden. Eine Bodenbearbeitung nach der Anwendung darf nicht erfolgen. Deshalb wird mitunter eine getrennte Ausbringung der beiden Wirkstoffe von Vorteil sein.

Alachlor sollte nur dort eingesetzt werden, wo Desmetryn nicht angewendet werden darf. Eine Vorauflaufanwendung kann bei direkt gedrilltem Kopfkohl und eine 14 Tage nach dem Pflanzen bei Blumenkohl und Kohlrabi erfolgen.

5.1.11. Rhabarber

Tabelle 29

Herbizidanwendung in Rhabarber

Herbizid	Behandlungszeitpunkt betr. Kulturpflanzen	Wirkstoff-aufwandmenge in kg/ha	Brüheaufwandmenge in l/ha Spritzen	Sprühen
Simazin	VA	1 ···2	200···600	200
Dalapon-Natrium	VA	7,2···9	200···600	200

Anwendungshinweise

Simazin wird im zeitigen Frühjahr nach abgeschlossener Bodenbearbeitung kurz vor dem Austreiben des Rhabarbers gegen einjährige Unkräuter angewendet.

Dalapon-Natrium wird außerhalb der Vegetationszeit des Rhabarbers im Herbst oder Frühjahr auf grüne Quecken und andere perennierende Gräser gespritzt. Eine Kombination mit Simazin im Frühjahr ist zweckmäßig.

5.1.12. Spargel

Tabelle 30

Herbizidanwendung in Spargel

Herbizid	Behandlungszeitpunkt betr. Kulturpflanzen	Wirkstoff-aufwandmenge in kg/ha	Brüheaufwandmenge in l/ha Spritzen	Sprühen
Simazin	VA	1 ···2	200···600	200
	VA 2×	0,5···1	200···600	200
Atrazin	VA	1 ···1,5	200···600	200
Dalapon-Natrium	VA	7 ···9	600	200
Diuron	VA	2 ···2,5	200···600	200

Anwendungshinweise

Simazin: Die Spritzung erfolgt entweder einmalig oder in zwei Gaben. Die 1. bzw. einmalige Gabe erfolgt nach dem Anhäufeln des Bleichspargels oder nach abgeschlossener Bodenbearbeitung in Grünspargel auf unkrautfreien Boden. Die 2. Gabe wird nach dem Einebnen der Dämme oder nach einer ganzflächigen Bodenbearbeitung beim Grünspargel appliziert. Mit dieser geteilten Gabe wird einer Spätverunkrautung vorgebeugt. Abtragende Anlagen dürfen nicht mehr behandelt werden, um Nachfruchtschäden vorzubeugen.

Atrazin wird sinngemäß wie Simazin eingesetzt. Die Unkräuter können zum Applikationszeitpunkt bereits aufgelaufen sein, sie dürfen aber nicht mehr als 1···2 Laubblätter entwickelt haben.

Dalapon-Natrium soll möglichst auf ausgetriebene Qecken ausgebracht werden. Die Anwendung erfolgt im Frühjahr nach Abschluß der Bodenbearbeitung vor oder nach der Stechperiode. Die Spargelstangen sollen nicht getroffen werden. Zur erfolgreichen Bekämpfung der Quecken ist eine Wiederholung der Behandlung im Herbst möglich, sie ist aber nur vorzunehmen, wenn die Frühjahrsbehandlung im Zusammenwirken mit den Bodenbearbeitungsmaßnahmen nicht den gewünschten Erfolg gebracht hat.
Eine Tankmischung mit den soeben genannten Triazin-Herbiziden ist möglich und zweckmäßig. Die Spargelanlagen verquecken meist schon in den Neuanlagen. Der für Spargelanlagen vorgesehene Acker sollte durch geeignete Maßnahmen der Fruchtfolge und durch Einsatz von Dalapon-Natrium oder Chloralhydrat vor und unmittelbar nach der Vorfrucht (z. B. Kartoffeln) von Quecken befreit werden.

Diuron sollte in Junganlagen vor dem Auflaufen der Unkräuter gespritzt werden.
In *Spargeljunganlagen* kann die Unkrautbekämpfung mit Simazin mit verminderter Aufwandmenge von 0,5···1 kg/ha im zeitigen Frühjahr auf eigene Gefahr vorgenommen werden. Eine Anerkennung für diese Anwendung liegt jedoch nicht vor, da das Verfahren keine Sicherheit vor Schäden gewährleistet. Im 1. Jahr sollten höchstens 0,5 kg/ha eingesetzt werden.
2···2,5 kg/ha Diuron oder 1,7 kg/ha DNOC sind z. Z. die einzigen Möglichkeiten, um den Unkrautwuchs in Spargelsaatbeeten einzudämmen.

5.1.13. Spinat

Tabelle 31

Herbizidanwendung in Spinat

Herbizid	Behandlungszeitpunkt betr. Kulturpflanzen	Wirkstoffaufwandmenge in kg/ha	Brüheaufwandmenge in l/ha Spritzen	Sprühen
Proximpham + Propham + Chlorpropham	VA	10···14	200···600	200

Anwendungshinweise

Carbamatkombination: Für diese Wirkstoffkombination wurde eine vorläufige Anerkennung zur Anwendung in Spinat erteilt. In den bisherigen Versuchen kam es auf den Bodenarten S, Sl, lS in einigen Fällen zu Schäden. Die Anwendung ist daher auf mittlere und schwere Böden durch die Anerkennung beschränkt. Die Einhaltung einer Aussaattiefe von 3 cm ist unbedingt erforderlich. Am sichersten wirkt diese Kombination, wenn sie sofort nach der Aussaat ausgebracht wird, jedoch muß die Ausbringung spätestens bis zum Auflaufen der Unkräuter erfolgt sein.
Den Betrieben, die in den Grenzlagen der erwähnten Bodenarten liegen und diese Carbamatkombination einsetzen wollen, kann z. Z. geraten werden, diese nur probeweise anzuwenden, da, wie es scheint, eine Gefährdung der Kulturpflanze besteht, wenn auf feuchten Boden gespritzt wird und starke Niederschläge folgen.

5.1.14. Dill, Fenchel, Koriander, Kümmel und Petersilie

Tabelle 32

Herbizidanwendung in Dill, Fenchel, Koriander, Kümmel und Petersilie

Herbizid	Behandlungszeitpunkt betr. Kulturpflanzen	Wirkstoff-aufwandmenge in kg/ha	Brüheaufwandmenge in l/ha Spritzen	Sprühen
Chlorpropham	VA	2···3	200···600	200
Chlorpropham + Propazin	VA	2···2,5	200···600	200
Prometryn	VA*	1···1,5	200···600	200
Prometryn	NA**	1···1,5	200···600	200

* nicht bei Dill und Koriander
** nur bei Fenchel

Anwendungshinweise

Chlorpropham und Kombination aus Chlorpropham + Propazin: Der Einsatzzeitpunkt soll nicht zu dicht an den Auflaufzeitpunkt der Kulturpflanze herangezogen werden. Beide Herbizide können bald nach der Aussaat eingesetzt werden.
Prometryn kann zur Vorauflaufanwendung eingesetzt werden, wenn die Kulturpflanzen die Bodenoberfläche noch nicht durchbrochen haben. Die Nachauflaufanwendung ist auf Fenchel beschränkt, der behandelt werden kann, wenn die ersten 2···3 Fiederblätter voll ausgebildet sind. Die Anwendung ist auch bei

Fenchel-Pflänzlingen möglich, auch hier sollen die ersten Fiederblätter voll ausgebildet und nicht mehr ‚weich' sein. Ist eine Nachauflaufanwendung beabsichtigt, so soll bei der Vorauflaufanwendung die niedrigere Aufwandmenge eingesetzt werden.

5.2. Obstbau

Im Obstbau werden Herbizide hauptsächlich in geschlossenen Anlagen zur Unkrautbekämpfung in den Baumstreifen oder auf Baumscheiben eingesetzt. Deshalb ist nur schwer einzuschätzen, wieviel Prozent der Anlagen mitHerbiziden behandelt werden. Im Beeren-, Kern- und Steinobstanbau wurden mit Ausnahme der Erdbeeren hauptsächlich Triazine oder Kombinationen dieser Wirkstoffgruppe mit Amitrol eingesetzt. Als Folge dieser Anwendung hat sich in einigen Anlagen bereits eine Unkrautflora herausgebildet, die mit diesen Herbiziden nicht zu bekämpfen ist. Als Hauptunkräuter treten auf solchen Flächen die Ackerwinde, Schachtelhalm und teilweise der Landwasserknöterich auf. Nach ausreichend wirksamen Herbizidkombinationen gegen diese Unkräuter wird noch gesucht.

5.2.1. Erdbeeren

Tabelle 33

Herbizidanwendung in Erdbeeren

Herbizid	Behandlungszeitpunkt betr. Kulturpflanzen	Wirkstoff-aufwandmenge in kg/ha	Brüheaufwandmenge in l/ha Spritzen	Sprühen
Simazin	Sommer bis Spätherbst	0,5···1	400···600	–
Chloroxuron	NPf	3,5···4,5	400···600	–

Anwendungshinweise

Simazin ist nur zur Anwendung in Erdbeerertragsanlagen anerkannt. Es soll nicht kurz nach dem Pflanzen und nicht im Frühjahr nach Vegetationsbeginn und während der Blüte angewendet werden, da unweigerlich Ertragsdepressionen eintreten. Eine zweimalige Anwendung (Sommer und Spätherbst) mit der niedrigen Aufwandmenge erscheint möglich. In Anlagen, die rechtzeitig im August gepflanzt wurden und die sich gut gekräftigt haben, kann auf eigenes Risiko der Einsatz im November erfolgen, um eine Winterverunkrautung zu verhindern. Eine amtliche Anerkennung dafür liegt nicht vor.

Die verschiedenen Erdbeersorten reagieren unterschiedlich auf die Simazinbehandlung. ‚Senga Sengana‘ wird nur selten beeinträchtigt. ‚Mieze Schindler‘, ‚Brandenburg‘ und ‚Anneliese‘ reagieren dagegen öfters mit Blattchlorosen. Bei richtiger Staffelung der Aufwandmengen nach den Bodenverhältnissen werden diese Anfangsschäden schnell überwachsen und führen zu keinen Ertragsdepressionen.

Chloroxuron: Dieses anerkannte Herbizid kann nach dem Anwurzeln der Erdbeersetzlinge, also ca. 14 Tage nach dem Pflanzen, angewendet werden. Außerdem ist es möglich, Chloroxuron im Frühjahr bis zu Blühbeginn der Erdbeeren einzusetzen. Um die gute Blattwirkung des Präparates auszunutzen, sollte die Anwendung grundsätzlich erfolgen, wenn die Unkräuter im Keimblattstadium sind. Bei Anwendung von Chloroxuron sind Aufhellungen der Blattadern möglich, die sich später verwachsen.

5.2.2. *Ertragsanlagen des Obstbaues (Kern-, Stein- und Beerenobst, außer Erdbeeren)*

Die Anwendung von Herbiziden beschränkt sich zweckmäßigerweise auf die Baumstreifen oder Baumscheiben.

Tabelle 34

Herbizidanwendung in Ertragsanlagen des Obstbaus (außer Erdbeeren)

Herbizid	Behandlungszeitpunkt betr. Kulturpflanzen	Wirkstoffaufwandmenge in kg/ha	Brüheaufwandmenge in l/ha Spritzen	Sprühen
Simazin	VA/NA	1,5···2,5	200···600	200
Atrazin	VA	1,5···2,5	200···600	200
	NA	1,5···2,5	500···600	–
Amitrol + Simazin	NA	2 ···3 × 2,4	400···600	–
Amitrol + Atrazin	NA	2	400···600	–
DNOC	VA/NA	2,5	600	–

Anwendungshinweise

Simazin wird auf unkrautfreien, möglichst frisch bearbeiteten Böden angewendet. In Neuanlagen ist eine Wartezeit von 6 Monaten einzuhalten. In Steinobstanlagen ist die Aufwandmenge höchstens mit 2 kg anzusetzen. Bei erforderlichen Nachpflanzungen ist darauf zu achten, daß die oberste Bodenschicht nicht in die Pflanzgrube gelangt.

Atrazin wird im Gegensatz zu Simazin vorteilhaft eingesetzt, wenn die Unkräuter bereits im Keimblattstadium sind. Das Laub der Obstgehölze darf nicht getroffen werden. Die Obstgehölze, insbesondere die Steinobstarten, sind gegenüber diesem Herbizid allgemein empfindlicher. Die bei Simazin genannten Vorsichtsmaßnahmen sind daher zu beachten.

Kombination aus Amitrol + Simazin und Amitrol + Atrazin: Beide Kombinationen werden zur Bekämpfung ausdauernder Unkräuter, insbesondere gegen Quecken, eingesetzt. Als besonders wirkungsvoll und wirtschaftlich erwies sich ein 2···3malige Behandlung. Die 1. Behandlung erfolgt auf gut im Wuchs befindliche Unkräuter von 10···15 cm Höhe. Die nachfolgenden Behandlungen erfolgen bei Wiederergrünen der Unkräuter, was nach ca. 3 Wochen der Fall ist. Nicht immer ist eine 3. Behandlung notwendig. Es ist darauf zu achten, daß das Laub der Obstgehölze nicht direkt getroffen wird, da sonst Schäden möglich sind. Amitrol + Simazin ist für die Anwendung in Himbeer- und Brombeeranlagen nicht zugelassen. Für Steinobstanlagen gilt das gleiche wie bei den vorangegangenen Herbiziden.

5.2.3. Weinbau

Tabelle 35

Herbizidanwendung im Weinbau

Herbizid	Behandlungszeitpunkt betr. Kulturpflanzen	Wirkstoff-aufwandmenge in kg/ha	Brüheaufwandmenge in l/ha Spritzen	Sprühen
Simazin	VA/NA	2···3	200···600	–
Atrazin	VA/NA	2···3	600	–
Amitrol + Simazin	VA	9	600	–
Chlorthiamid	VA	10,6	Streuen	–
Dichlobenil	VA	9	Streuen	–

Anwendungshinweise

Simazin ist in Ertragsanlagen auf unkrautfreie Flächen zu spritzen.

Atrazin wird in Ertragsanlagen gegen auflaufende Unkräuter angewendet. Das Laub der Kulturpflanze sollte nicht durch Spritzbrühe getroffen werden.

Amitrol + Simazin soll zur Bekämpfung ausdauernder Unkräuter im Frühjahr vor Austrieb der Kulturpflanze eingesetzt werden. Diese Kombination wird in Weinbergen ebenfalls zur Beseitigung mehrjähriger und ausdauernder Unkräuter eingesetzt. Die Behandlung erfolgt unter gleichen Gesichtspunkten wie sie beim Obstbau dargelegt wurden.

Dichlobenil + Chlorthiamid: Diese Granulate können zur Windenbekämpfung in Weinbergsertragsanlagen eingesetzt werden. Zu diesem Zweck werden sie außerhalb der Vegetationsperiode, im November oder März, auf die Windennester ausgestreut. Die Ausbringung von Hand erfordert eine gewisse Übung, um die richtige Aufwandmenge zu treffen. Von der gleichmäßigen Verteilung des Granulates hängt die Wirkung entschieden ab. Eine Einarbeitung unterstützt die Wirkung erheblich, da die Herbizide sonst sehr leicht verdampfen. Die Wirkung ist nicht durchschlagend, das heißt, die Winden erholen sich ab Juli/August besonders an solchen Stellen, die aus irgendeinem Grund (Bodenunebenheiten u. a.) nicht ausreichend mit dem Granulat bestreut waren.

5.3. Zierpflanzen (einschl. Baumschulen)

Im Zierpflanzenbau mit seinen sehr vielen Arten und Formen kann sich der Herbizideinsatz nur schwer durchsetzen. Der Anbauumfang vieler Arten ist meist nicht groß genug, um die Herbizide wie bei anderen Kulturen in Feldversuchen in verschiedenen Anbaugebieten zu prüfen. Trotzdem benötigen die Spezialbetriebe des Zierpflanzenanbaues die chemischen Unkrautbekämpfungsmittel als Ersatz für die Handhacke und das Jäten oft sehr dringend. In den letzten Jahren wurden deshalb in einer sozialistischen Arbeitsgemeinschaft Unkrautbekämpfungsversuche bei vielen Zierpflanzen angelegt, so daß heute gewisse Erfahrungen vorliegen. Das entbindet jedoch den Anwender nicht von der Aufgabe, vor der großflächigen Herbizidanwendung immer erst örtliche Erfahrungen zu sammeln.

5.3.1. Baumschul-Verschulquartiere

Tabelle 36

Herbizidanwendung in Baumschulen (Verschulquartiere)

Herbizid	Behandlungszeitpunkt betr. Kulturpflanzen	Wirkstoff-aufwandmenge in kg/ha	Brüheaufwandmenge in l/ha Spritzen	Sprühen
Simazin				
Kernobst	VA/NA	1,5···2,5	500···600	–
Steinobst	VA/NA	1 ···1,5	400···600	–
Rosen und andere Gehölze	VA	0,5···2	400···600	–

Anwendungshinweise

Simazin ist zur Zeit das einzige amtlich anerkannte Herbizid für Baumschulen. Es ist sowohl während als auch außerhalb der Vegetationszeit einsetzbar. Frisch aufgeschulte Gehölze sollten nicht behandelt werden, um die Anwachsergebnisse nicht zu gefährden. Eine Wartezeit von wenigstens 6 Wochen nach dem Pflanzen ist einzuhalten. Je nach Bodenart ist im 1. Pflanzjahr mit stark verringerter Aufwandmenge, die auf Sandböden bis auf 0,5 kg/ha herabgesetzt werden kann, zu arbeiten.
In Obstgehölzquartieren, besonders in Steinobst, sollte **Simazin** vor der Veredlung nicht eingesetzt werden.
In Rosenbaumschulen wird mitunter geklagt, daß die Veredelungen nach Simazinbehandlung schlechter anwachsen bzw. leicht ausbrechen und kein zügiges Wachstum aufweisen. Edelsorten und etablierte Rosen sind wesentlich unempfindlicher.
In Obstgehölzen im 3. und 4. Kulturjahr kann auch **Amitrol + Simazin** in den anerkannten Aufwandmengen eingesetzt werden. Für bestimmte Nadel- und Laubgehölze können die für Forstkulturen und Forstsaaten erwähnten Anerkennungen ausgewertet werden. Auf keinen Fall sollten diese Anerkennungen kritiklos auf andere Arten übertragen werden. Dort, wo Geräte für abgeschirmtes Spritzen vorhanden sind, bei Laubgehölzen außerhalb der Vegetationszeit sowie in Gehölzen, die bis zur Kniehöhe frei geschnitten worden sind, kann DNOC gegen auflaufende einjährige zweikeimblättrige Unkräuter eingesetzt werden. Distel- und Windennester können unter gleichen Bedingungen nesterweise mit 2,4-D- oder MCPA-Präparaten (Natriumsalzformulierungen) eingedämmt werden, wenn das Laub der Kulturpflanzen nicht getroffen wird. In Baumschulsaatbeeten kann Allylalkohol bei der Bodenvorbereitung sehr gute Dienste leisten. (Siehe auch 5.3.4.)

5.3.2. *Blumenzwiebeln, -knollen, Maiblumen und Iris*

Die einzelenen Arten und Vermehrungsstufen weisen unterschiedliche Empfindlichkeiten auf. Da auch Sortenunterschiede in der Empfindlichkeit möglich sind, wird empfohlen, bei Neueinführung einer Herbizidanwendung immer erst örtliche Erfahrungen zu sammeln, bevor zum Großeinsatz übergegangen wird. Außerdem ist je nach Bodenart eine starke Differenzierung der Herbizidaufwandmengen notwendig. Nicht für alle hier genannten Anwendungsmöglichkeiten liegen amtliche Anerkennungen vor. Die Aufwandmengen sind je Ar angegeben.

Anwendungshinweise

DNOC wird in Gladiolenbrut und Gladiolensprossknollen 7···10 Tage nach dem Auslegen auf Unkräuter im Keimblattstadium angewendet. Die Sproßspitzen der Gladiolen sollten wenigstens 1 cm unter der Bodenoberfläche sein. Bis wenige

Tage vor dem Austreiben von Blumenzwiebeln und -knollen sowie Maiblumenbeständen kann das Herbizid gegen eine Winterverunkrautung eingesetzt werden. Gräser werden in gebräuchlichen Aufwandmengen nicht erfaßt.

Tabelle 37

Herbizidanwendung in Blumenzwiebeln und -knollen, Maiblumen und Iris

Herbizid	Behandlungszeitpunkt betr. Kulturpflanzen	Wirkstoff-aufwandmenge in g/a	Brüheaufwandmenge in l/a Spritzen	Sprühen
DNOC	VA	1,7···25,	6···10	—
Chlorpropham	VA	20 ···30	6	—
Simazin	VA/NA	5 ···15	2···6	—

Wegen der geringen Dauerwirkung des DNOC tritt eine baldige Wiederverunkrautung ein. Es darf also nur eine Reduzierung der Pflegearbeiten, z. B. des Striegelns, erwartet werden, allerdings zu einem Zeitpunkt, in dem die jungen Pflanzen besonders empfindlich gegen mechanische Verletzungen sind. Der Einsatz erfolgt zweckmäßig dort, wo mit dem Auftreten von Unkräutern zu rechnen ist, die gegen andere Herbizide resistent sind (z. B. Chlorpropham gegen Gemeines Kreuzkraut). Eine eventuelle Kombination mit Chlorpropham (VA) ist möglich, wobei DNOC zweckmäßig mit verringerter Aufwandmenge eingesetzt wird. Eine Nachauflaufanwendung der Tankmischung ist nicht zu empfehlen.

Chlorpropham: Der Einsatzzeitpunkt der Gladiolenbrut- und sprossknollen richtet sich nach dem Unkraut, das auf keinen Fall das Keimblattstadium überschritten haben darf. Die Vorauflaufanwendung sollte ca. 8···10 Tage nach dem Auslegen der Knollen erfolgen.

Tulpen, Narzissen und andere tief liegende Blumenzwiebeln (nicht Blumenzwiebelsaaten) können 8···10 Tage nach dem Legen im Herbst gegen Winterverunkrautung oder im Frühjahr vor Entfaltung der Blätter behandelt werden. Eine Behandlung zu diesem Zeitpunkt und eine zusätzliche Spritzung im Sommer sind auch bei Maiblumen möglich. Allerdings liegt für Maiblumen keine amtliche Anerkennung vor.

Bei Gladiolenbrut ist darauf zu achten, daß eine Aussaattiefe von mindestens 3 cm eingehalten wird. Bei Nachauflaufanwendung sind, besonders bei warmer Witterung über 21 °C, Ätzschäden möglich. Meist werden sie überwachsen.

Irisarten können versuchsweise mit 20···25 g in 6···10 l Wasser behandelt werden, wenn die Pflanzen genügend „abgehärtet" sind und die Blätter eine ausreichende Wachsschicht ausgebildet haben. Eine Bodenlockerung soll vorausgegangen sein.

Simazin ist anerkannt bei Tulpen und Narzissen zur Nachauflaufanwendung bis kurz vor Entfaltung der Blätter. Bei der Behandlung muß der Boden feucht und unkrautfrei sein. Außerhalb der Vegetationszeit ist die Anwendung möglich.

Für die Anwendung in Gladiolenbeständen und Maiblumen liegt keine amtliche Anerkennung vor. Eine Anwendung bei Gladiolenknollen ist vor und nach dem Auflaufen auf Lehmböden möglich. Nicht zu empfehlen ist die Anwendung in Maiblumen auf mittleren und leichten humusarmen Böden. Bei Simazinanwendung ist wegen der langen Wirkungsdauer der Zeitraum von der Anwendung bis zur Folgekultur zu beachten. Soll im Herbst des Anwendungsjahres noch eine Nachfrucht folgen, ist zu empfehlen, die untere Dosierung zu wählen, während auf leichten Böden der Einsatz dieses Herbizides zu unterbleiben hat.
Bei Gladiolenknollen gibt es sortenunterschiedliche Empfindlichkeiten. Die Sorte ‚Acca Laurentia' zeigte sich in Versuchen empfindlicher als die Sorte ‚Bloemfontein'.
Gladiolenbrut darf auf keinen Fall mit Simazin behandelt werden. Eine Anwendung kann hier zu Totalschäden führen. Eine versuchsweise Anwendung in den besprochenen Kulturen ist zu empfehlen, wenn noch keine betriebseigene Erfahrung vorliegt.
Ebenso verhält es sich mit Maiblumen, die auf leichten Böden durch Simazin schwer geschädigt werden können, während es auf schweren Böden mit Erfolg angewendet wurde.
In Iriskulturen (*Iris germanica, I. pumila, I. sibirica*) ist der Einsatz möglich. In einjährigen Kulturen der Verkaufsware wird es wegen Gefahr der Nachfruchtschäden ratsam sein, an der unteren Grenze der Aufwandmenge zu bleiben. In Mutterbeständen bestehen diese Bedenken nicht; wenn neue Wurzeln gebildet wurden, erfolgt die Anwendung ca. 4 Wochen nach dem Pflanzen bzw. im Frühjahr nach Lockerung des Bodens.
In Lilien liegen über die Anwendung keine Erfahrungen vor, deshalb sollte eine Behandlung unterbleiben. Ebenso ist von der Anwendung in Dahlien abzuraten, da bekannt ist, daß ausgeprägte Sortenunterschiede vorhanden sind.

5.3.3. *Chrysanthemen*

Was in den Vorbemerkungen zu den Stauden erörtert wurde, hat auch hier im großen Umfang seine Gültigkeit.

Tabelle 38
Herbizidanwendung in Chrysanthemen

Herbizid	Behandlungszeitpunkt betr. Kulturpflanzen	Wirkstoff-aufwandmenge in g/a	Brüheaufwandmenge in l/a	
			Spritzen	Sprühen
Chlorpropham + Propazin	NPf	20···300	6···10	
Chlorpropham	NPf	20···300	6···10	

Anwendungshinweise

Chlorpropham + Propazin: Diese Kombination wird in einer Reihe von Betrieben bereits eingesetzt, am zweckmäßigsten nach dem Anwurzeln der Chrysanthemen. Es ist dabei darauf zu achten, daß das Spritzrohr möglichst tief gehalten wird, um die Kulturpflanzen, insbesondere die Vegetationskegel, nicht zu treffen. Es sind große Brühemengen und niedriger Druck zu wählen, um die Spritztropfen recht „groß" zu halten. Sofort nach der Applikation ist ein Abbrausen oder Beregnen zu empfehlen, damit die evtl. in den Blattachseln abgelagerten Brühetropfen abgespült werden, um Schäden zu vermeiden. Späte, zu einem Zeitpunkt durchgeführte Spritzungen, wenn die Knospen schon stark differenziert sind, führen zu Blühverzögerungen und Stauchungen. Werden die Pflanzen direkt getroffen, so reagieren einige Sorten mit Chlorosen, die sich später meist verwachsen. Besondere Vorsicht ist bei folgenden Sorten geboten: ‚Evelyn Bush', ‚Medaillon', ‚Westfield bronze', ‚Pink Pride', ‚Bornholm', ‚Rayonante', ‚Kathleen', ‚Bowarth' und ‚Lyona'. Keine Schäden oder unbedeutende Symptome wurden bisher beobachtet an: ‚Freel Shoesmith', ‚Mayfort Crimson', ‚Sax Export', ‚Pink Champagne', ‚Mayfort Perfektion', ‚Cum claude', ‚Breude Talbot', ‚Breitner', ‚Escorte', ‚Gazelle', ‚Diplomat', ‚Balcombe', ‚Astra Lee' und ‚Middlestone',

Chlorpropham wird wie die soeben genannte Kombination eingesetzt. Wegen seiner geringeren Wirkungsdauer und den Wirkungslücken (Kreuzkraut, Kamille usw.) ist es nicht so interessant wie die Kombination Chlorpropham + Propazin. Die Gefährdung der Kulturpflanzen ist gleich groß.

5.3.4. *Saat- und Pflanzbeete, Einsenkflächen, Komposterde*

Tabelle 39

Herbizidanwendung auf Saat- und Pflanzbeeten, Einsenkflächen und Komposterde

Herbizid	Behandlungszeitpunkt betr. Kulturpflanzen	Wirkstoff-aufwandmenge in g/a bzw. l	Brüheaufwandmenge in l/a Spritzen	Sprühen
Allylalkohol	VS	3 l	300···500	–
Simazin	VPf	5···15	6··· 10	–
Chlorpropham	VPf	2··· 3	6··· 10	–
Chlorpropham + Propazin	VPf	2··· 3	6··· 10	

Anwendungshinweise

Allylalkohol wird in Saat- und Pflanzbeeten aller Art, Frühbeetkästen, Komposterde und Einsenkflächen angewendet. Zwischen Anwendungs- und Saattermin, Pflanz- und Einsenktermin oder Verwendungstermin der Komposterde ist je nach Umweltbedingungen eine Karenzzeit von 1···15 Tagen einzuhalten.

Der Wirkstoff verdampft bei Temperaturen über 15 °C stark. Bei höheren Temperaturen ist eine Anwendung nicht zu empfehlen. Die Behandlung ist in den kühleren Morgen- oder Abendstunden vorzunehmen. Allylalkohol wirkt gegen keimbereite Unkrautsamen. Die Fläche ist daher einige Tage vor der Behandlung saat- bzw. pflanzfertig zu machen. Ratsam ist es, die Flächen am Tage vor der Anwendung gut durchzufeuchten. Die Behandlung wird gewöhnlich mit einer feinbrausigen Gießkanne vorgenommen. Es ist möglich, eine höher konzentrierte Lösung bei Einhaltung der Aufwandmenge auszubringen, dann ist aber sofort nach der Behandlung mit mindestens 5 mm zu beregnen. Eine gründliche Einarbeitung bis in ca. 5 cm Tiefe kann gegebenenfalls die Beregnung ergänzen. Die Behandlung von Pflanzenerden in Haufen ist ebenfalls möglich. Schichten zu je ca. 5 cm werden mit gleichen Aufwandmengen wie Beetflächen behandelt. Ein Abdecken mit Folie oder Frühbeetfenstern in den ersten 24 Stunden nach der Behandlung erhöht die Wirkung. Vor der Bestellung bzw. Verwendung der Erden wird mit dem Kressetest geprüft, ob der Allylalkohol vollständig verdampft ist. Dazu wird in ein gut verschließbares Gefäß eine Probe der behandelten Erde gegeben und darüber ein feuchter Wattebausch aufgehängt, der vorher in eine Schale mit Kressesamen (*Lepidium sativum*) eingetaucht wurde. Bei 20 °C müssen die Samen nach 24 Stunden gekeimt haben, wenn keine Allylalkoholdämpfe mehr wirksam sind. Allylalkohol ist brennbar, seine Dämpfe reizen Augen und Atmungsorgane, die Gebrauchslösung wirkt ätzend. Deshalb ist Schutzkleidung (Gummihandschuhe, Gummistiefel, Gummischürze, Schutzbrille, Atemmaske mit Filter für organische Dämpfe) zu tragen. Nach der Behandlung sind fungizide und nematizide Effekte als Nebenwirkung zu beobachten, sie halten jedoch nicht lange vor.

Simazin, Chlorpropham und Chlorpropham + Simazin können auf Einsenkflächen vor dem Einsenken der Töpfe je nach Bodenart und Herbizid verwendet werden. Es ist darauf zu achten, daß die Topfränder ca. 1···2 cm über die behandelte Beetfläche hinausstehen, da sonst beim Gießen bzw. Sprengen die Wirkstoffe leicht in die Töpfe gelangen, was unbedingt vermieden werden muß. Vor der großflächigen Anwendung sollten mit jeder Art und jedem Wirkstoff orientierende Teste durchgeführt werden.

5.3.5. Staudenanzuchten und -anlagen

Wie Prüfungen in den letzten Jahren in der DDR und in anderen Ländern Europas ergeben haben, ist der Einsatz verschiedener Wirkstoffe in Kulturen des Zierpflanzenbaues möglich. Die im In- und Ausland gesammelten Erfahrungen mit den verschiedenen Wirkstoffen sind häufig recht widersprechend. Dieser Tatbestand ergibt sich aus der Arten- und Sortenmannigfaltigkeit ebenso wie durch die unterschiedlichen Boden- und Kulturbedingungen. Da die Prüfungen immer nur an wenigen Pflanzen und Standorten erfolgten, sind die gegebenen Hinweise nicht kritiklos zu übernehmen. Kein Anzuchtbetrieb, kein Grünanlagenbaubetrieb und kein für die Pflege öffentlicher Grünanlagen verantwortlicher Betrieb sollte in seinem Bereich den Herbizideinsatz einführen, ohne wenigstens im Jahr vorher entsprechende Teste durchgeführt zu haben. Die Verantwortung für eintretende Schäden hat in jedem Fall der Anwender zu tragen. In öffentlichen Grünanlagen wird man erst dann im größeren Umfang zum Herbizideinsatz gelangen können, wenn Bepflanzungspläne unter Berücksichtigung der Herbizidverträglichkeit der Arten gesammelt sind. Die in der Tabelle angegebenen Aufwandmengen beziehen sich auf g/a.

Tabelle 40

Herbizidanwendung in Staudenanzuchten und -anlagen

Herbizid	Behandlungszeitpunkt betr. Kulturpflanzen	Wirkstoffaufwandmenge in g/a	Brüheaufwandmenge in l/a Spritzen	Sprühen
Simazin	NPf	5···15	6···10	–
Chlorpropham + Propazin	NPf	2··· 3	6···10	–
Chlorpropham	NPf	2··· 3	6···10	–

Anwendungshinweise

Simazin: Wie aus der nachfolgenden Artenaufzählung entnommen werden kann, ist dieser Wirkstoff bei Beachtung der Bodenverhältnisse in einer größeren Anzahl von Stauden einzusetzen. In Anzuchtbeeten und Neupflanzungen ist der Einsatz frühestens 3 Monate nach der Pflanzung möglich. Anzuchtbetriebe sollten wegen der zum Teil lange anhaltenden Wirkung den Einsatz vorwiegend auf Mutterpflanzenquartiere beschränken, da sonst nachfolgende Kulturen unter Umständen geschädigt werden können. Eine Abschirmung der Pflanzen ist nicht notwendig. Mechaniche Pflegemaßnahmen sind möglichst zu unterlassen, um den Wirkstoff nicht zu nahe an die Wurzeln zu bringen.

Chlorpropham +Propazin: Der Einsatzbereich dieser Kombination ist beinahe gleich groß wie bei Simazin und kann nach dem Anwachsen der Stauden, also 14 Tage bis 3 Wochen nach der Pflanzung, ohne Abschirmung appliziert werden. In Anzuchtbetrieben kann man unter Umständen unmittelbar nach der Ausbringung den Bestand beregnen, um den Pflanzen anhaftende Wirkstoffmengen abzuspülen. Diese Maßnahme kann verhindern, daß Wachstumsverzögerungen auftreten. Die Hackarbeit ist solange einzuschränken, bis erneut Unkräuter auflaufen.

Chlorpropham: Hierfür gelten die gleichen Hinweise wie für Chlorpropham + Propazin. Der Einsatz von Chlorpropham wird am wenigsten zweckmäßig sein, da die Wirkungsdauer und Wirkungsbreite geringer sind als bei den vorgenannten Wirkstoffen.

Einsatzmöglichkeiten: Die in der Tabelle 41 genannten Staudenarten stellen nur eine vorläufige kleine Auswahl aus Verträglichkeitslisten dar. Im wesentlichen kann man 3 Empfindlichkeitsgruppen bilden: Arten, die den entsprechenden Wirkstoff nicht vertragen; Arten, bei denen Blattschäden und Wuchshemmungen möglich sind, jedoch diese Schäden überwinden und Arten, bei denen kaum Schäden beobachtet wurden.

Tabelle 41

Herbizidverträglichkeit bei einigen Staudenarten

	Simazin	Chlorpropham + Propazin	Chlorpropham
Aquilegia vulgaris	++	+	++
A. hybrida	++	+	++
Aster alpinus	++	+	+
A. amellus	++	++	+
A. dumosus	0	+	+
A. novae angliae	+	++	++
Delphinum cultorum	0	0	0
Doronicum caucasicum	+	++	+
D. cordifolium	++	++	++
D. plantaginum	++	++	++
Geranium grandiflorum	++	++	++
G. platypetalum	++	++	++
G. subc. Splendens	++	++	++
H. autumnale	++	+	+
Helenium hybridum	+	++	+
H. pum. magnif.	++		++
Hemerocallis hybr.	++	++	++
Lupinus polyphyllus	++	++	+
Phlox paniculata hbr.	0	0	0
Primula acaulis	++	++	++
P. denticulata	++	++	++
P. elatior	+	++	++

Zeichenerklärung: 0 = Arten, die den Wirkstoff nicht vertragen
+ = Blattschäden und Wuchshemmungen wurden beobachtet
++ = Schäden wurden selten beobachtet

5.3.6. *Zierrasen*

Die Aufwandmengen sind je Ar angegeben (Tab. 42).

Tabelle 42

Herbizidanwendung in Zierrasen

Herbizid	Behandlungszeitpunkt betr. Kulturpflanzen	Wirkstoffaufwandmenge in g/a	Brüheaufwandmenge in l/a Spritzen	Sprühen
MH		33···66	6···10	
2,4-D-Natrium		2 × 33	6···10	–
MCPA		1,4···1,8	6···10	–
DNOC		17···24	6···10	–

Anwendungshinweise

MH ist amtlich anerkannt zur Niederhaltung von Gräsern. Bei der Pflege von Zierrasen werden besonders gute Erfolge erzielt, wenn dieser Wuchshemmer nach dem 2. oder 3. Schnitt im Mai bis Juni eingesetzt wird. Am besten hat sich die zweimalige Anwendung mit geteilter Gabe bewährt. Die 2. Behandlung erfolgt, wenn die Wirkung der ersten sichtbar nachläßt, was nach 6 bis 8 Wochen der Fall ist. Der Zusatz von Wuchsstoffpräparaten und Flüssigdüngern ist möglich. Nicht alle Grasarten lassen sich mit dem gleichen Erfolg niederhalten, z. B. u. a. Trespen- und Schwingelarten.

2,4-D-Natrium und MCPA: Diese Herbizide können zur Bekämpfung zweikeimblättriger Unkräuter in etablierten Rasenflächen eingesetzt werden. Ein durchschlagender Erfolg ist oft erst dann zu erzielen, wenn etwa 3 Wochen nach der ersten Behandlung eine zweite folgt. Wurde bei der ersten Behandlung 2,4-D verwendet, sollte bei der 2. Behandlung MCPA eingesetzt werden. Damit wird eine größere Breitenwirkung erreicht. Die Anwendung erfolgt am besten unter günstigen Wuchsbedingungen kurz nach einem Schnitt. Eine baldige oder gleichzeitige Stickstoffdüngergabe erhöht die Wirkung und begünstigt den Wuchs der Gräser. Die Ausbringung hoher Brühemengen muß mit geringem Druck großtropfig erfolgen, damit die Abdriftgefahr gemindert wird. In Grünanlagen ist dies besonders wichtig, um Schäden zu verhindern. Die Spritzen müssen nach Gebrauch gründlich gereinigt werden.

6. Nichtselektive Unkrautbekämpfung

Nicht nur für die Land- und Forstwirtschaft, sondern auch für die gewerbliche und kommunale Wirtschaft sowie für das Verkehrswesen gewinnt die chemische Unkrautbekämpfung wegen des überall herrschenden Arbeitskräftemangels zunehmend an Bedeutung.

Auf Wegen und Plätzen, an Straßen- und Autobahnrändern, auf Gleisanlagen und Industriegelände, auf Holz- und Tanklagerplätzen, auf Ödland und gelegentlich auch auf landwirtschaftlichen Nutzflächen ist eine Beseitigung des vorhandenen Pflanzenwuchses erforderlich. Unkräuter an den genannten Stellen sind nicht nur unschön und eine ständige Quelle weiterer Verunkrautung, sie können sich unter Umständen auch recht gefährlich auswirken. So können sie auf Straßen die Fahrsicherheit beeinträchtigen, sich als verkehrshemmend erweisen oder durch Behinderung der Sicht an unübersichtlichen Stellen sogar eine Ursache für Unfälle sein. Auf Lagerplätzen, besonders solchen, auf denen brennbare Materialien, wie Holz, Treibstoffe usw. gelagert werden, wird die Brandgefahr erhöht, und auf Gleisanlagen tragen die Unkräuter zur Lockerung der Schotterung bei.

Zur Vernichtung des auf derartigen Flächen vorhandenen Pflanzenwuchses bedient man sich in zunehmendem Maße spezieller Herbizide. Dabei handelt es sich fast durchweg um Mittel, die auch in landwirtschaftlichen und gärtnerischen Kulturen Verwendung finden, dort jedoch in viel geringeren Wirkstoffaufwandmengen eingesetzt werden und daher selektiv wirken, d. h. die Kulturpflanzen schonen und den überwiegenden Teil der Unkräuter vernichten. Der Selektivität eines Herbizides wird also — soweit es sich bei einzelnen Pflanzen nicht um eine echte Verträglichkeit für den Wirkstoff handelt — durch die Höhe der Aufwandmenge Grenzen gesetzt. Das bedeutet, daß fast alle Herbizide von einer bestimmten Aufwandmenge ab für die nichtselektive Unkrautbekämpfung zu verwenden sind. Diejenigen Wirkstoffe, die bereits in relativ niedrigen Aufwandmengen auf die Masse der vorhandenen Pflanzen eine weitgehend vernichtende Wirkung ausüben, bieten sich wegen ihrer größeren Wirtschaftlichkeit vorrangig für die nichtselektive Unkrautbekämpfung an. Der für ein derartiges Herbizid früher verwendete Begriff „Totalherbizid" ist heute nicht mehr gebräuchlich.

Die nachstehenden Tabellen bezeichnen die Einsatzmöglichkeiten der in der DDR für die nichtselektive Unkrautbekämpfung amtlich anerkannten Präparate. Außer den hier angeführten Anwendungsbereichen wird die nichtselektive Unkrautbekämpfung auch an Grabenrändern und im Forst in erheb-

lichem Umfang, zum Teil auch mit anderen, hier nicht genannten Präparaten, praktiziert.
Neben der richtigen Auswahl eines Wirkstoffes ist dessen sachgemäße und termingerechte Anwendung von entscheidender Bedeutung für den Bekämpfungserfolg. Die Verwendung eines Herbizides setzt in jedem Falle die Kenntnis der Anwendungsvorschrift voraus, in der auf die vorhandenen Gefahrenmomente, wie z. B. Feuergefährlichkeit usw., ausdrücklich hingewiesen wird.
Grundsätzlich sind bei jeder nichtselektiven Unkrautbekämpfung die nachstehend genannten Vorsichtsmaßnehmen sorgfältig zu beachten:

1. Zur Schonung benachbarter Gehölze, Hecken, Einfassungen usw. ist ein Sicherheitsabstand von mindestens 1 m einzuhalten. Dabei ist an mögliche Bodenabschwemmungen nach starken Niederschlägen zu denken.
2. Bei Windgeschwindigkeiten von mehr als 3 m/s sind Spritzungen in der Nähe von Kulturpflanzen wegen der zu erwartenden Gefährdung durch Abdrift zu unterlassen.
3. Die hier genannten Herbizide dürfen niemals auf Komposthaufen oder auf kurzfristig für die gärtnerische bzw. landwirtschaftliche Nutzung vorgesehenen Flächen eingesetzt werden.
4. Bei Durchführung einer nichtselektiven Unkrautbekämpfung auf landwirtschaftlich genutzten Flächen muß die bis zum Wiederanbau von Kulturpflanzen notwendige Wartezeit berücksichtigt werden.

6.1. Wege und Plätze

Tabelle 43

Herbizidanwendung auf Wegen und Plätzen

Herbizid	Behandlungszeitpunkt	Wirkstoff-aufwandmenge in g/m²	Brüheaufwandmenge in ml/m² Spritzen	Gießen
Simazin	ganzjährig, vor dem Auflaufen der Unkräuter	0,5	60···100	1000
Atrazin	ganzjährig, vor dem Auflaufen der Unkräuter	0,5	60···100	1000
Dalapon-Natrium	Frühjahr bis Sommer, nach Austreiben der Unkräuter, 2malige Anwendung	2 × 4,5	60···100	–
Natriumchlorat	Frühjahr bis Herbst	20···300	–	1000···1500

Tabelle 43 (Fortsetzung)

Herbizid	Behandlungszeitpunkt	Wirkstoff-aufwandmenge in g/m²	Brüheaufwandmenge in ml/m² Spritzen	Gießen
Kaliumchlorat	Frühjahr bis Herbst	20···300	–	1000···1500
Amitrol	nach dem Auflaufen bzw. Austreiben der Unkräuter	3 oder 2 × 1,2	60···100	1000
Amitrol + Simazin	nach dem Auflaufen bzw. Austreiben der Unkräuter, 2malige Anwendung,	2 × 1,2	60···100	1000
	Wege im Herbst	0,6	60···100	1000
Amitrol + Atrazin	nach dem Auflaufen bzw. Austreiben der Unkräuter, 2malige Anwendung	2 × 0,3	60···100	1000

6.2. Industrieanlagen

Tabelle 44

Herbizidanwendung in Industrieanlagen

Herbizid	Behandlungszeitpunkt	Wirkstoff-aufwandmenge in g/m²	Brüheaufwandmenge in ml/m² Spritzen	Gießen
Dalapon-Natrium	Frühjahr bis Sommer nach Austreibung der Unkräuter, 2malige Anwendung	2 × 5,4	60···100	–
Amitrol + Simazin	nach Auflaufen bzw. Austreiben der Unkräuter, 2malige Anwendung	2 × 1,2	60···100	–
Amitrol + Atrazin	nach Auflaufen bzw. Austreiben der Unkräuter, 2malige Anwendung	2 × 0,6	60···100	–
TCA	Frühjahr bis Herbst	7	60···100	–

6.3. Ödland und Brachflächen

Tabelle 45

Herbizidanwendung auf Ödland und Brachflächen

Herbizid	Behandlungszeitpunkt	Wirkstoff-aufwandmenge in g/m²	Brüheaufwandmenge in ml/m² Spritzen	Gießen
Dalapon-Natrium	Frühjahr bis Sommer nach Austreiben der Unkräuter, 2malige Anwendung	2 × 4,5	60···100	
Natriumchlorat	Herbst oder Frühjahr, 2malige Anwendung	2 × 10· ·30	–	Streuen
Amitrol	nach Auflaufen bzw. Austreiben der Unkräuter	5 oder 2 × 2	60···100	–
Amitrol + Simazin	nach Auflaufen bzw. Austreiben der Unkräuter, 2malige Anwendung	2 × 0,3	60···100	–
TCA	Frühjahr bis Herbst	7	60···100	–

6.4. Landwirtschaftliche Nutzflächen

Tabelle 46

Nichtselektive Herbizidanwendung auf landwirtschaftlichen Nutzflächen

Herbizid	Behandlungszeitpunkt	Wirkstoff-aufwandmenge in g/m²	Brüheaufwandmenge in ml/m² Spritzen	Gießen
Natriumchlorat	Herbst nach Abernten der Kulturpflanzen	10· ·30	Streuen	

Anwendungshinweise

Simazin ist nur zur Verhinderung von Unkrautaufwuchs vor dem Auflaufen der Unkräuter auf oberflächlich feuchten Boden zu gießen oder zu spritzen. Wirkung wie bei Atrazin beschrieben.

Atrazin ist nur gegen Unkrautaufwuchs vor dem Auflaufen bis höchstens zum 4-Blattstadium der Unkräuter ausreichend wirksam. Dieses Herbizid sollte möglichst auf oberflächlich feuchten Boden gegossen oder gespritzt werden. Ein Bekämpfungserfolg ist erst nach ca. 14 Tagen sichtbar, hält aber etwa 1 Jahr an. Vorsicht bei Gebrauch in **Kleingärten**!

Dalapon-Natrium ist besonders zur Bekämpfung tiefwurzelnder ausdauernder Unkräuter auf Ackerflächen (vorher schälen) und Ödland oder Brachflächen (vorher abmähen) geeignet. Bodendurchlässigkeit und Niederschlagsmenge bestimmen die Höhe der Aufwandmenge. Dieses Herbizid wird mit der Hand wie Handelsdünger ausgebracht. Bei Bodenbearbeitung nach dem Streuen ist die Vorschrift des Herstellers zu beachten. Vor Neubestellung beträgt die Wartezeit 7···8 Monate. Dalapon-Natrium ist feuergefährlich, die Vorsichtsmaßnahmen sind wie bei Natriumchlorat einzuhalten.

Natriumchlorat und Kaliumchlorat sind gut wirksam gegen zählebige, tiefwurzelnde Unkräuter. Ruhende Unkrautsamen behalten ihre Keimfähigkeit. Die Höhe der Aufwandmenge wird von Art und Stärke der Verunkrautung bestimmt. Die Spritzbrühe wird mit der Gießkanne oder mit Sprengfahrzeugen nach Regenfällen ausgebracht. Sind die Böden ausgetrocknet, müssen sie vor der Behandlung gründlich angefeuchtet werden. Ein Sicherheitsabstand ist einzuhalten. Im Bereich der Kronentraufe von Bäumen darf nicht behandelt werden.
Die vorgeschriebenen Vorsichtsmaßnahmen sind sehr genau zu beachten und einzuhalten. Diese Herbizide sind sehr feuergefährlich und dürfen nicht mit brennbaren Stoffen in Berührung kommen. Hohes Unkraut ist vor der Behandlung abzumähen wegen Gefahr der Entzündung abgestorbener Pflanzenteile. In der Nähe von Holz- und Tanklagerplätzen sowie Abfallgruben dürfen diese Herbizide nicht angewendet werden.

Amitrol: Die Unkräuter müssen zum Behandlungszeitpunkt (frühestens ab Mitte Mai) reichlich Blattmasse aufweisen. Die Behandlung ist bei Wiederergrünen nachwachsender Unkrautblattmasse zu wiederholen. Einsatzmöglichkeiten siehe bei Amitrolkombinationen.

Amitrol + Simazin wirkt gegen Unkrautaufwuchs aller Art, auch gegen widerstandsfähige ausdauernde Arten ausreichend. Der sicherste Bekämpfungserfolg wird erreicht, wenn die Unkräuter im besten Wuchs sind. Die Wirkung stellt sich nach 8···14 Tagen ein und kann bis zu 1 Jahr anhalten. Bei älteren Unkräutern sollte möglichst ein 2. Mal behandelt werden. Dieses Herbizid ist besonders für Holz- und Tanklagerplätze, Industriegelände und Gleisanlagen geeignet, da es nicht brennbar ist. Vorsicht ist bei Gebrauch in **Kindergärten** geboten.

Amitrol + Atrazin richtet sich gegen Unkrautwuchs aller Art, einschließlich widerstandsfähiger, ausdauernder Arten. Die 1. Behandlung erfolgt im Frühjahr, die 2. ca. 8 Wochen danach bei Wiederergrünen nachwachsender Unkräuter. Eine spätere Anwendung erfordert höhere Aufwandmengen. Sonstige Eigenschaften wie bei Amitrol + Simazin beschrieben.
TCA ist besonders geeignet zur Unterdrückung grasartiger Unkräuter auf Ödland und nicht bewirtschafteten Nutzflächen. Der beste Erfolg ist bei Spritzungen auf feuchten Boden im Spätherbst zu erreichen. Nach der Behandlung darf 5···6 Wochen keine Bodenbearbeitung erfolgen. Ein Sicherheitsabstand zu Kulturpflanzen aller Art (2···3 m) ist einzuhalten. Die Wirkungsbreite kann durch Mischung mit anderen Herbiziden auch auf zweikeimblättrige Unkräuter erweitert werden.

7. Hinweise zur Applikationstechnik

7.1. Wahl des Applikationsverfahrens

Die Anwendung von Herbiziden mittels Pflanzenschutzmaschinen kann derzeitig im wesentlichen durch Spritzen oder Sprühen erfolgen. Welches Verfahren im Einzelfall zur Anwendung kommen sollte, hängt von verschiedenen Faktoren ab. Ob ein Herbizid zur Unkrautbekämpfung in einer bestimmten Kultur gesprüht werden kann, ist den Angaben zum einzelnen Mittel zu entnehmen. Dabei nimmt die Abstufung der Brüheaufwandmengen Rücksicht auf die unterschiedlichen Bestandsverhältnisse, d. h., daß bei höheren bzw. dichteren Beständen die höheren Brüheaufwandmengen angewendet werden sollten. Auch der Deckungsgrad durch die Unkräuter sollte im gleichen Sinne berücksichtigt werden. Ob die gegebene Möglichkeit des Sprühens jedoch genutzt werden kann, hängt von den speziellen Einsatzbedingungen ab.

Die Windgeschwindigkeit beim Sprühen sollte 3 m/s nicht übersteigen! Hierbei ist bereits mit einer Abdrift von 100···150 m zu rechnen, beim Spritzen vergleichsweise hingegen nur bis zu etwa 40 m. Spritzen ist bis ca. 4 m/s Windgeschwindigkeit angängig. In Abhängigkeit von der Windrichtung und den Nachbarkulturen ist zu entscheiden, ob die zu behandelnde Fläche ganz, bis auf einen Sicherheitsstreifen, nur zum Teil oder gar nicht gesprüht werden kann. Dabei wird die Größe der zu behandelnden Fläche selbst einen Einfluß auf die Entscheidung haben. Hier richtig zu entscheiden, erfordert eine entsprechende fachliche Befähigung des Bedienungspersonals. Diese ist auch deshalb von besonderer Bedeutung, weil es schwieriger ist und sehr viel mehr Sorgfalt erfordert, eine beim Sprühen übliche Brüheaufwandmenge von z. B. 100 l/ha mit $\pm$ 15% Genauigkeit einzuhalten als beim Spritzen mit 400···600 l/ha. Größere Abweichungen zwischen der ausgebrachten und der vorgesehenen Wirkstoffaufwandmenge können jedoch erhebliche nachteilige Folgen haben. Da der Wert einer herbiziden Bekämpfungsmaßnahme zu allererst durch den biologischen Effekt bestimmt wird, dürfen ökonomische Überlegungen bei der Wahl des Applikationsverfahrens erst dann geltend gemacht werden, wenn das Arbeitsergebnis dadurch offensichtlich nicht beeinträchtigt wird.

7.2. Einsatz der Pflanzenschutzmaschinen

Die richtige und sorgfältige Vorbereitung einer Bekämpfungsmaßnahme, das Abwägen bzw. Abmessen der Mittelmenge und richtige Ansetzen der Brühe sind

für die Funktion der Pflanzenschutzmaschine wie für den Bekämpfungserfolg von Bedeutung. Pulverförmige Herbizide werden in der abgewogenen Menge in ein Mischgefäß gegeben und durch Zugabe von wenig Wasser unter ständigem Rühren angeteigt. Durch Zugabe von weiterem Wasser wird die Stammlösung gebildet. Diese wird durch das Einfüllsieb in den Behälter gegeben, wenn dieser schon zum größtenteil mit Wasser gefüllt ist. Nach dem abschließenden Füllen des Behälters wird vor Beginn der Arbeit das Rührwerk für etwa 2···3 Minuten eingeschaltet, um die Brühe gut zu durchmischen.
Aus Emulsionskonzentraten wird ebenfalls eine Stammlösung hergestellt, wobei die abgemessene Menge direkt unter ständigem Rühren in eine kleine Wassermenge gegossen wird. Pflanzenschutzmittel, die eine Lösung bilden, sind vor dem Einfüllen in das Gerät vollständig aufzulösen. Beim Füllen der Maschine austretender Schaum ist kein Zeichen für einen vollen Behälter!
Das Anrühren von giftigen Pflanzenschutzmitteln hat so zu erfolgen, daß Menschen, Tiere und Kulturpflanzen dadurch nicht geschädigt werden.
Während der Arbeit ist vor allem auf das genaue Einhalten der Arbeitsbreite, des Arbeitsdruckes und der Fortschrittsgeschwindigkeit sowie der richtigen Einstellung der Abspritzhöhe und die ordnungsgemäße Funktion sämtlicher Düsen zu achten.
Besonders an den Vorgewenden besteht leicht die Gefahr von Doppelbehandlungen.
Zur Gewährleistung einer sachgemäßen Arbeit auf dem Felde sind erforderlich:

Stoppuhr bzw. Uhr mit Sekundenzeiger,
Bandmaß,
Windmesser,
Meßeimer,
Meßzylinder,
Waage,
Schaufel (evtl. Tüten),
Mischgefäß mit Rührstab,
Werkzeug und Ersatzteile (insbes. Düsen und Dichtungen) sowie
Arbeitsschutzbekleidung.

Zur Flächenbehandlung eignen sich folgende Pflanzenschutzmaschinen:

S 293/5: 10 m Arbeitsbreite – 6 Düsen
S 033 bzw. S 053: 10 m Arbeitsbreite – 6 Düsen
S 041: 10 m Arbeitsbreite – 10 Düsen

zur Berechnung der Brüheaufwandmengen kann folgende Formel angewendet werden:

$$Q = \frac{q \times 600}{b \times v} \qquad \text{Beispiel: } \frac{40 \times 600}{10 \times 6} = 400$$

Darin bedeuten:

Q = Brüheaufwandmenge (l/ha)
q = Ausbringmenge (l/min) für alle Düsen
b = Arbeitsbreite (m)
v = Fortschrittsgeschwindigkeit (km/ha)
600 = Umrechnungsfaktor

Zur richtigen Einstellung der Maschine ist in allen Fällen eine Probespritzung mit Wasser vorzunehmen, sofern die Bedienungspersonen noch über keine entsprechenden Erfahrungen verfügen. Die Einhaltung und Kontrolle der Brüheaufwandmengen gehören zu den wichtigsten Aufgaben bei allen Bekämpfungsmaßnahmen.
Neben Schwankungen des Arbeitsdruckes treten als häufigste Fehlerquelle erhebliche Abweichungen bei der Fortschrittsgeschwindigkeit auf (z. T. direkt durch Wahl des falschen Ganges.)

7.3. Spezielle Applikationseinrichtungen und ihr Einsatz

Zur Behandlung eignen sich folgende Pflanzenschutzmaschinen:

S 325: 2,5 m Arbeitsbreite — 6 Düsen
S 326: 5 m Arbeitsbreite — 12 Düsen

Als Unterblattspritzung können Herbizide besonders in gärtnerischen Kulturen mit sogenannten „Torpedospritzeinrichtungen" als Flächenbehandlungen ausgebracht werden. Das Zusatzgerät zur Pflanzenschutzmaschine S 293 besteht aus 4 bzw. 6 torpedoähnlichen Laubaufgleit- bzw. -abschirmkörpern, unter denen sich jeweils eine Pralldüse befindet. Der Anbau erfolgt am Hackrahmen zwischenachsig beim Geräteträger. Die Arbeitsbreite ist auf die der Sä- bzw. Pflanzmaschine abzustimmen, wobei die Anzahl der Torpedos vom Reihenabstand der Kultur abhängig ist.
Bei der Baumstreifenbehandlung zur Unkrautbekämpfung im Obstbau wird ein, die Baumreihe einschließender, 0,5···2 m breiter Streifen mit Hilfe eines Spezial-Spritzarmes gespritzt. Die bisher vorhandenen Spezial-Spritzarme sind betriebliche Lösungen, zu denen keine näheren Angaben gemacht werden können.
Die Ausbringung von Allylalkohol kann in verschiedener Weise erfolgen:

1. durch Gießen,
2. durch Spritzen mit anschließender Beregnung,
3. durch Spritzen mit anschließendem Einarbeiten.

Auf Grund der unterschiedlichen Bedingungen sind eine Reihe betrieblicher Lösungen für die technische Ausbringung entwickelt worden (VEG Saatzucht Erfurt; LPG „Fortschritt" Halle-Reideburg; Institut für Pflanzenzüchtung Quedlinburg). Die industrielle Fertigung einer bestimmten Ausrüstung wird

deshalb für unzweckmäßig erachtet. Übereinstimmend wird das Gießen als die wirksamste Behandlungsmethode angesehen.
Zur chemischen Unkrautbekämpfung in Baumschulen kann die Baumschulspritze mit Achsschenkellenkung der Firma LIEBMANN eingesetzt werden. Voraussetzung für den Einsatz sind 90 cm Pflanzenreihenabstand.

7.4. Pflege und Reinigung der Maschinen

7.4.1. Hinweise zur Pflege

- Abschmieren aller Lagerstellen und Ölwechsel
- Überwachung der Schraubverbindungen, Keilriemenverbindungen, Keilriemenspannung, des Reifenluftdruckes, der Manometerfunktion und der Abdichtung aller brüheführenden Teile
- Kontrolle der Einheitlichkeit, Vollständigkeit und Sauberkeit der Düsen
- Beobachtungen aller Hauptverschleißteile wie Verschleißanlagen in Ventilatoren, Schlauchkolben in Kolbenpumpen, Ventile usw.
- Winterabstellung gründlich entleert (einschl. der Pumpen) und aufgebockt; Gummischläuche möglichst hängend aufbewahren.

7.4.2. Hinweise zur Reinigung

- Reinigung aller Siebe und Durchspülen der gesamten Maschine mit Wasser (Netzmittelzusatz günstig); bei Mittelwechsel Zusatz von Aktivkohle (100 g auf 100 l Wasser), Soda (2000 g auf 100 l Wasser), oder Siliron U 64 (1%)
- Nach Abschluß der Einsatzzeit gründliche Säuberung aller Teile, Entrosten aller Schadstellen und Erneuerung der Farbgebung.

7.5. Arbeitsschutz

Die Arbeitsschutzbestimmungen für die Verpackung, den Transport, den Handel, die Lagerung, die Anwendung, die Aufbereitung und das Ausbringen von Herbiziden sind in der Arbeitsschutz- und Brandschutzanordnung 108 vom 5. 6. 1969 zusammengefaßt (Gesetzblatt der DDR, Teil II, vom 2. 7. 1969, Seite 345–350). In dieser Anordnung werden außer den oben genannten Bereichen der Umgang und die Beseitigung von Lösungen, Beständen und Verpackungsmaterialien von Herbiziden behandelt. Außerdem sind darin die Vorschriften über die Einrichtung von Giftlagern und für die Konstruktion, den Bau, das Reinigen von Maschinen und Geräten zum Ausbringen von Herbiziden zusammengestellt. Die 28 Paragraphen dieser Anordnung sind in 10 Abschnitte unterteilt. Dem Verhalten beim Umgang mit Pflanzenschutzmitteln sind 9 Paragraphen gewidmet. Aus diesen

Bestimmungen ist wie aus den übrigen Teilen der Anordnung die Sorge um den Menschen als zentrales Anliegen unserer Gesellschaft zu erkennen. So werden die ärztlichen Untersuchungen aller ständig mit Pflanzenschutzmitteln arbeitenden Kollegen genauso berücksichtigt wie der Jugendschutz und die Arbeitsschutzkleidung; Atemschutzmasken sind dann anzulegen, wenn es auf dem Etikett an der Verpackung des herbiziden Handelspräparates gefordert wird.

Zweiter Teil: Schadmöglichkeiten durch Herbizide an Kulturpflanzen

8. Allgemeine Schadensursachen

Mit der ständig wachsenden Anwendung von Herbiziden steigt auch die Zahl der Meldungen über Schädigungen an Kulturpflanzen. Eine Analyse dieser Berichte beweist, daß viele dieser Fälle auf unsachgemäße oder unüberlegte Anwendung der chemischen Unkrautbekämpfungsmittel zurückzuführen sind. Nur ein kleinerer Teil der Schadensfälle kann unvorhergesehenen Einflüssen plötzlicher Witterungsveränderungen und anderen Faktoren zugeschrieben werden. Für sämtliche amtlich anerkannten Mittel werden Anwendungsbereich und -verfahren, Konzentration und Aufwandmenge, begrenzende Boden- und Witterungsfaktoren genau ausgewiesen, so daß der größte Teil der Schäden vermeidbar ist. Das soll an einigen Beispielen nachgewiesen werden.

Zur unsachgemäßen Anwendung von Herbiziden gehören in erster Linie bewußte Überdosierungen der Mittel mit dem Ziel, eine bessere unkrautvernichtende Wirkung zu erzielen. Dabei wird vergessen, daß Konzentrationen und Aufwandmengen in vielen Fällen über die Selektivität der Mittel entscheiden und daher in die amtliche Anerkennung einbezogen sind.

Überdosierungen entstehen ferner leicht an Wendestellen und durch Überschneidung von Spritzbändern. Dadurch ist u. a. streifen- oder stellenweiser Ausfall von Folgekulturen nach Anwendung besonders persistenter Bodenherbizide bedingt. Unregelmäßige Fahrgeschwindigkeiten und schadhafte Düsen können ebenfalls zu Überkonzentrationen führen.

Durch fehlerhafte Anwendungstechnik, wie Sprühen mit hohem Druck und Nichtbeachtung der Windgeschwindigkeit entstehen meist die häufigen Abdriftschäden, die vor allem bei Anwendung von Wuchsstoffherbiziden erheblichen Umfang annehmen können. Abdrift von Dämpfen besonders leicht flüchtiger Wirkstoffe (Ester von Phenoxyfettsäurederivaten, Chlorpropham) nach Anwendung an warmen Tagen ist außerdem möglich.

Leichtfertig ist auch die Anwendung von Mitteln, die für ihren eigentlichen Zweck nicht mehr verwendet werden können, jedoch aus ungerechtfertigten ökonomischen Erwägungen heraus noch verbraucht werden sollen, ohne den Anerkennungsbereich zu berücksichtigen.

Gefährlich können unsachgemäße Versuche mit Herbiziden außerhalb der amtlichen Anerkennung werden. Hierzu gehören auch eigenmächtige Veränderungen der Formulierung der Mittel, wie z. B. Beimischungen von Haft- und Netzmitteln. Desgleichen kann die Kombination von Herbiziden mit Insektiziden bzw.

mit Düngemitteln unerwartete und unerwünschte Folgen haben. Es muß beachtet werden, daß z. B. das bei Insektizidanwendung günstige Sprühverfahren für Herbizidausbringungen nicht zu empfehlen ist. KURTH (1968) empfiehlt einen maximalen insektiziden Wirkstoffanteil von 5% für mögliche Kombinationen. Bei Anwendung von Herbizid/Insektizid-Mischungen sind auch synergistische Effekte beobachtet worden, die z. T. darauf zurückzuführen sind, daß die Formulierung der Insektizide auf das Eindringen der Wirkstoffe in die Blätter fördernd wirken kann. Andererseits ist es auch möglich, daß Insektizide die für die Toleranz einer Kulturpflanze wichtigen Abbauvorgänge in der Pflanze hemmen können, wie es von SWANSON und SWANSON (1968) am Beispiel der Kombination Monuron + Karbamatinsektizid gezeigt wurde.
Eine oft beobachtete Schadenursache ist die Verunreinigung von insektiziden oder fungiziden Spritzbrühen durch Herbizidrückstände in ungereinigten Spritzgeräten. Diese Fälle sind im Kulturpflanzenbestand deutlich daran zu erkennen, daß nach einer Neufüllung des Spritzbrühebehälters die Herbizidschäden an den Kulturpflanzen nachlassen oder ausbleiben.
Schließlich soll auf die langfristige Persistenz einiger Bodenherbizide hingewiesen werden, durch die häufig Schäden an empfindlichen Folgekulturen verursacht werden. Die angegebene Persistenz der Wirkstoffe ist meist nur ein Orientierungswert, der u. a. von den Sorptionsverhältnissen des Bodens und der Witterung der Vegetationsperiode, in der die Applikation erfolgte, abhängig ist. Unsachgemäße Beregnung kurz nach der Anwendung kann ebenfalls zu Schäden an den Kulturpflanzen führen. — Zur Feststellung von Herbizidrückständen im Boden empfiehlt sich, eine fragliche Bodenprobe durch Aussaat einiger hochempfindlicher Pflanzen zu prüfen. Im Anhang werden Hinweise auf Indikatorpflanzen und die möglichen Symptome für einige Wirkstoffgruppen gegeben.
Oft wird auch übersehen, daß die Pflanzen in vielen Fällen nur in bestimmten Entwicklungsstadien tolerant gegen Herbizide sind (Getreide). Diese Anwendungstermine werden oft durch die falsche zeitliche Organisation des Maschineneinsatzes in Frage gestellt.
Neben diesen Hauptursachen können noch andere Einwirkungen phytotoxische Effekte durch Herbizide an Kulturpflanzen hervorrufen. Da sie z. T. nur bestimmte Kulturen betreffen, werden sie im Rahmen der speziellen Schadensbeschreibungen abgehandelt.

9. Probleme der Beurteilung und Diagnose von Herbizidschäden

Die objektive Beurteilung eines Schadensfalles ist nach den derzeitigen Kenntnissen mit einigen Schwierigkeiten verbunden. Zunächst muß einwandfrei nachgewiesen werden, daß tatsächlich ein Herbizidschaden vorliegt. Das kann schwierig sein, da Viren oder nichtparasitäre Einflüsse sehr ähnliche Symptome verursachen können. Der Verdacht auf eine Virose muß dann durch einen entsprechenden Test eindeutig nachgewiesen werden. Mangelerscheinungen und Immissionsschäden können meist durch langfristige Beobachtung der geschädigten Kultur identifiziert werden. Ferner muß unsachgemäße Düngung (Cl^--Schäden, Überdüngung) in den Kreis der möglichen Schadensursachen einbezogen werden.
Es können aber auch Fälle von internen Fehlsteuerungen des Wuchsstoffhaushaltes, z. B. nach Frühjahrsfrösten, vorkommen, deren Symptome den Schäden durch Wuchsstoffherbizide ähnlich sind (LÜDECKE 1955). Sie lassen sich durch Rekonstruktion des Witterungsverlaufes nachweisen. Deformationen von Pflanzenteilen aus anderen Gründen, wie z. B. Blitzschlag oder aus unterirdischen Rohrleitungen austretendes Leuchtgas lassen sich durch ihr eng umgrenztes Auftreten sicher identifizieren.
Bei der nachträglichen Rekonstruktion der Ursachen von Herbizidschäden lassen sich einige wichtige Faktoren nicht exakt erfassen. So ist bei Abdrift- und Nachkulturschäden die kontaminierende Dosis nicht bekannt. Viele Symptome sind jedoch dosisabhängig. Nachträglich schwer bestimmbar ist auch der Entwicklungszustand der Kulturpflanzen zum Zeitpunkt der Applikation, vor allem bei Wirkstoffen, die zur Entwicklung der ersten Symptome längere Zeit brauchen.
Dazu kommt der große Komplex der für die Wirkung oft entscheidenden ökologischen Faktoren zum Zeitpunkt der Ausbringung der Herbizide und in dem kritischen Abschnitt etwa 1···2 Wochen nach der Applikation. Es ist z. B. schwer, im speziellen Fall Windgeschwindigkeit, Windrichtung und Niederschlagsmenge genau zu rekonstruieren, da diese Faktoren schon in engeren landschaftlichen Bereichen variieren können.
Ungeklärt ist noch, wie weit mögliche Anreicherungen von Trägersubstanzen im Boden nach Verdampfen leicht flüchtiger Wirkstoffe (Chlorpropham) schädigend wirken können. Auf diese Problematik haben SCHWÄR und ZIEMER (1967) hingewiesen. Verstärkend bzw. selektivitätsmindernd können auch beigemischte Netz- und Haftmittel wirken. DAVIES u. a. (1967) zeigten, daß Senf 26mal mehr Ioxynil-Spritzbrühe ohne Haftmittel festhält als Gerste. Zusatz eines Haftmittels

(0,1 bzw. 10%) setzte diesen Unterschied auf das 11- bzw. 8fache herab. Ist die Haftfähigkeit an beiden Pflanzenarten gleich, reagiert Gerste empfindlicher als Senf auf Ioxynil.
Es wird auch nicht immer einfach sein, aus dem zu einem Zeitpunkt vorliegenden Schadbild auf mögliche Ertragsausfälle zu schließen. Einerseits entstehen nach Applikation bestimmter Wirkstoffe gefährlich aussehende Symptome, die aber im Laufe der Vegetationsperiode ohne wesentlichen Einfluß auf den Ertrag überwachsen werden können. Andererseits können weniger auffällige Habitusveränderungen mit einer allgemeinen Wachstums-, Entwicklungs- und Ertragsdepression verbunden sein. Hierfür gibt es keine allgemeinen Regeln, sondern es müssen die für einzelne Pflanzenarten vorliegenden Erfahrungen berücksichtigt werden.

10. Herbizideinflüsse auf die Anfälligkeit von Kulturpflanzen gegen Krankheiten

Wie weit eine Schwächung der Pflanze durch Herbizideinwirkung ihre Anfälligkeit gegen Krankheiten steigert, ist bisher kaum untersucht worden. Auf der anderen Seite ist noch zu wenig über mögliche fungizide Nebenwirkungen von Herbiziden bekannt.

WAGNER (1969) berichtet über einen verstärkten Beulenbrandbefall bei Mais (*Ustilago zeae*) nach breitflächiger Behandlung mit NaTA (7,5 kg/ha) und besonders nach Anwendung einer Kombination von NaTA (10 kg/ha) mit Monolinuron (Aresin, 2 kg/ha). Die zuletzt genannte Kombination wurde mit Spritzschirm zwischen den Zeilen ausgebracht und bewirkte dennoch einen um 28,2% erhöhten Krankheitsbefall gegenüber der Kontrolle. Die Brandbeulen traten nie am Stengel, sondern vorwiegend am Stengelgrund und an den Kolben auf.

Dagegen wird bei Anwendung von Harnstoffderivaten und Triazinen besonders in Kombinationen mit Kalkstickstoff der Halmbruchbefall des Weizens (*Cercosporella herpotrichoides*) verringert (HEITEFUSS und BODENDÖRFER 1968).

11. Schadwirkungen einzelner herbizider Wirkstoffe und Wirkstoffgruppen

11.1. Anmerkungen zur Auswertung und Darstellung der Schadensfälle

Bei der Auswertung der Berichte und Beobachtungen über Herbizidschäden wurde vor allem die während der letzten 10 Jahre im mitteleuropäischen Raum erschienene Literatur berücksichtigt. Die geographische Eingrenzung erlaubt gültigere Verallgemeinerungen von Freilandbeobachtungen, da ein großer Teil der Autoren wenig detaillierte Angaben über ökologische Verhältnisse macht. So kann z. B. die Verwendung des Begriffes „Winter" oder die Angabe eines Monatsnamens in der amerikanischen Literatur durch unbewußte Übertragung auf europäische Verhältnisse zu falschen Vorstellungen und Aussagen über die klimatischen Verhältnisse zu einem Applikationstermin führen. Das gleiche gilt für Aussagen über Bodenverhältnisse. — Schwierigkeiten in der Beurteilung und verallgemeinernden Darstellung der Schadensfälle bereiten uneinheitliche und z. T. fehlende Angaben über die Dosis, die Aufwandmenge und die Formulierung der Mittel. Erst in neuerer Zeit beginnt sich die Angabe von Konzentrationen in Aktivsubstanzmengen durchzusetzen.
Selbst Begriffe, wie Vorauflauf- und Nachauflaufbehandlung werden in der Literatur nicht einheitlich gebraucht und auf die Kulturpflanzen als auch auf die Unkräuter bezogen, was aber aus dem Text oft nicht eindeutig hervorgeht.
Das ausgewertete Literaturmaterial setzt sich zusammen aus:

1. Berichten über Kontaminationsfälle, meist ohne genauere Angaben über Dosierungen und ökologische Verhältnisse;
2. Bemerkungen über die Phytotoxizität von Wirkstoffen in Arbeiten, die sich mit der Mittelprüfung befassen, und die auf die Symptome nur ungenau eingehen;
3. Labor- und Freilanduntersuchungen, die Kontaminationsfälle simulieren bzw. Schädigungsgrenzen festlegen sollten und sich daher mit der Reaktion von Kulturpflanzen selbst beschäftigen.

Besonders Arbeiten der Gruppe 2 mußten in großem Umfang auf Aussagen über die phytotoxische Wirkung von Herbiziden durchgesehen werden. Leider sind in diesen Arbeiten die Symptomschilderungen im allgemeinen nur kurz und oberflächlich. Die Phytotoxizität wird meist in Zahlenwerten (Trockenmasse, Längenwachstum usw.) ausgedrückt, die aber für die Zwecke der Schadensbeurteilung am Standort keine Hilfe darstellen. Deshalb werden sie bei den folgenden Darstellungen nicht berücksichtigt, zumal auch hier noch keine allgemeine Norm durchgängig befolgt wird.

Die Veröffentlichungen der 3. Gruppe konzentrieren sich im wesentlichen auf Schäden durch Wuchsstoffherbizide. Den anderen Wirkstoffgruppen wurde bisher in dieser Form wenig Aufmerksamkeit geschenkt.
Die folgenden Ausführungen gliedern sich jeweils in eine allgemeine Darstellung der Wirkung einer chemisch charakterisierten Wirkstoffgruppe und die Beschreibung der bei wichtigen Kulturpflanzenarten beobachteten Schäden. Diese Teilung ist notwendig, da sich nicht alle in speziellen Fällen beobachteten Symptome und ökologischen Einflüsse verallgemeinern lassen. Außerdem erfordern die durch die unterschiedlichen morphologischen Merkmale der Kulturpflanzengruppen bedingten Symptome eine spezielle Behandlung. Da die systematische Zugehörigkeit ohne wesentlichen Einfluß auf die Symptomausbildung ist, wird sie nicht berücksichtigt. Auf die Angabe von Sortenempfindlichkeiten wurde ebenfalls verzichtet, da der Umfang dieser Darstellung und das vorliegende Material keine verbindlichen Aussagen erlauben.
In der allgemeinen Darstellung werden die Eingriffe der herbiziden Wirkstoffe in das biochemisch-physiologische Geschehen in den Pflanzen bei Berücksichtigung des derzeitigen Kenntnisstandes nur so weit berührt, wie dadurch bestimmte Symptome erklärt und verständlich gemacht werden können. — Wirkstoffe, über die nur vereinzelte Schadensbeschreibungen existieren, wurden nicht in die Darstellungen einbezogen. Wirkstoffkombinationen blieben wegen der kaum möglichen Trennung der Partnerwirkungen unberücksichtigt.

11.2. Phenoxyfettsäurederivate

11.2.1. Allgemeines

Die morphogenetische Wirkung subletaler Dosen der Phenoxyfettsäurederivate (Wuchsstoff-Herbizide) besteht in disharmonischen Stimulationen bzw. Hemmungen des Zellstreckungswachstums und der meristematischen Aktivitäten bei gleichzeitiger Desorganisation der Korrelationen innerhalb der Pflanze. Die Angriffspunkte der Wirkstoffe sind noch nicht genau bekannt (u. a. Einfluß auf Vorgänge des Nukleinsäure-Stoffwechsels). Da die Wirkstoffe in der Pflanze beweglich sind, können alle Organe unabhängig vom Ort des Eintritts mehr oder weniger stark deformiert werden. Die Reaktionsfähigkeit der Organe, Gewebe oder Zellkomplexe einer Pflanze ist unterschiedlich stark.
Die Ausbildung der Schadsymptome ist in erster Linie vom Entwicklungsstadium der betroffenen Pflanze und von der Höhe der einwirkenden Dosis abhängig. Die Art des Wirkstoffs ist für die allgemein auftretenden Schadbilder ohne wesentliche Bedeutung; auf einige Ausnahmen wird noch hingewiesen.
Unter den Phenoxyessigsäurederivaten schädigt 2,4-D in den meisten Fällen stärker als MCPA. 2,4,5-T bewirkt weniger Blattdeformationen, kann aber Wachstumshemmungen und Stengelabnormalitäten verursachen. Die größte phytotoxische Wirksamkeit besitzen die Wirkstoffe als Ester, die wegen ihrer Flüchtig-

keit bei höheren Temperaturen Schäden durch Dampfphasenwirkung verursachen können.

Gegenüber diesen Wirkstoffen ist die Phytotoxizität der Phenoxybuttersäurederivate etwas geringer. MCPB wirkt weniger schädigend auf Kulturpflanzen als MCPA (nicht bei Hafer) und 2,4-DB entspricht etwa der Wirkung der MCPA. Weizen und Gerste sind z. B. gegenüber MCPA empfindlich bzw. mäßig empfindlich, während sie MCPB tolerieren. Wenig empfindlich gegenüber Phenoxybuttersäurederivaten sind Leguminosen (CARPENTIER und WILSON 1956, KURTH 1958). Unerwartete Beeinträchtigungen der Kulturpflanzen können auftreten, wenn 2,4-DB durch Bodenmikroorganismen in aktive 2,4-D umgewandelt wird (β-Oxydation), was besonders durch optimale Temperatur- und Feuchtigkeitsverhältnisse gefördert wird.

Das Phenoxypropionsäurederivat Mecoprop verursacht neben Deformationen auch Blattnekrosen. Es wirkt im allgemeinen milder als die Phenoxyessigsäurederivate.

Die Art und Stärke der Schadsymptome, die durch Wuchsstoff-Herbizide bewirkt werden, ist unabhängig von der systematischen Zugehörigkeit der betroffenen Pflanzen. Es soll aber auf zwei zwischen mono- und dikotylen Pflanzen bestehende Unterschiede in der normalen Morphogenese hingewiesen werden. Während dikotyle Pflanzen nur an Sproß- und Wurzelspitzen aktive Meristeme für das Längenwachstum besitzen, haben monokotyle Pflanzen zusätzlich Interkalarmeristeme an den Internodien- und Blattbasen. Dieser Umstand ist für das Verständnis einiger Wachstumsstörungen unter Herbizideinfluß wesentlich. Ferner stirbt bei Monokotylen die Primärwurzel bald nach der Keimung ab und wird durch sproßbürtige, den basalen Knotenbereichen entspringende Adventivwurzeln ersetzt.

Zunächst soll ein Überblick über die typischen Mißbildungen an einzelnen Pflanzenorganen gegeben werden. Bei den anschließenden Besprechungen einiger Schadbilder finden nur die wichtigsten Kulturpflanzen Berücksichtigung. Da die Wuchs- und Entwicklungsanomalien jedoch nicht an systematische Einheiten gebunden sind, lassen sich die typischen Symptome auch auf andere Fälle übertragen.

11.2.1.1. Veränderungen des Stengels

Durch Einwirkung von Wuchsstoff-Herbiziden auf den Stengel werden Wachstumsdepressionen oder -stimulationen verursacht. Eine Förderung der Zellstreckung wird im allgemeinen bei niedrigeren Konzentrationen bewirkt (10^{-4} bis 10^{-8} M 2,4-D). Höhere Dosen führen dagegen zu Hemmungen und Schwellungen des Stengels durch laterale Zellstreckungen. Wird das Streckungswachstum gleich hinter dem Sproßvegetationspunkt gehemmt, treten Abweichungen von der normalen Blattstellung auf. Ein Beispiel dafür wäre der Übergang von spiraliger zu quirliger Blattanordnung. Anregung der Zellteilung im Kambium führt zu allseitigem oder einseitigem Dickenwachstum.

Typisch für den Einfluß von Wuchsstoff-Herbiziden sind die epinastischen Krümmungen der Stengel. Epinastie (bogenförmige Krümmung der Stengel nach unten) ist sehr viel häufiger als Hyponastie. Die Krümmungen werden durch einseitiges Streckungswachstum verursacht. Sie sind in vielen Fällen reversibel, soweit dies nicht durch innere Ursachen, wie einseitige Zellwandverdickungen bei Sklerenchymfasern, verhindert wird.
Ein weiteres Merkmal für den Einfluß von Wuchsstoff-Herbiziden ist die Bildung von Adventivwurzeln. Sie beruht auf einer Rückführung differenzierter Zellen in den meristematischen Zustand. Es werden meist subepidermale Zellen (Endodermis), die den Leitbündeln gegenüberliegen, sowie Perizykel- und Parenchymzellen zur erneuten Teilungstätigkeit angeregt. Mit der Adventivwurzelbildung können auch Kallusbildung und Tumorwucherungen verbunden sein.
Die Gallen- und Tumorbildungen sind eine andere Form der subepidermalen Gewebevermehrung durch remeristematisierte Zellen. Sie können von massenhaften Wucherungen verkümmerter Adventivwurzeln begleitet oder verursacht werden. Diese Erscheinungen sind die schwersten Stengelschäden. Sie können zum Aufreißen des Stengels und damit zu Gefäßbündelschäden sowie zu Sekundärinfektionen führen.
Abnormale Ausbildung des Vegetationspunktes unter Herbizideinfluß verursacht Verbänderungen. Das sind abgeflachte, bandartige Sproßbildungen durch einen schwellenartigen Vegetationspunkt. Jede Verbänderung ist durch starke Gewebevermehrung ausgezeichnet, sie ist also nicht nur eine abgeflachte Ausbildung der normalerweise zylindrischen Stengel. Auf diese Weise können auffällige Gebilde entstehen. Die Verbänderung der Stengel bringt auch Veränderungen der normalen Blattstellung mit sich. Meist ist die Blattzahl erhöht.
Verbänderungen kommen gelegentlich spontan vor. Neben bandartigen Bildungen sind auch geflügelte (sternförmige Vegetationspunkte) und ringförmige Stengel bekannt. In der Natur sind diese als spontane Bildungen sehr selten, kommen aber durch Wuchsstoffherbizideinwirkung gelegentlich vor.
Die für den Stengel angegebenen Mißbildungen können auch an unterirdischen, zum Sproß gehörenden Organen (Rhizome, Stolonen, Knollen) sowie an Blattstielen auftreten. Bei vergleichender Einschätzung kann jedoch festgestellt werden, daß die Empfindlichkeit des Stengels gegenüber Phenoxyfettsäurederivaten geringer ist als die des Wurzelsystems.

11.2.1.2. Veränderungen der Blätter

Blattdeformationen sind auffällige Folgen einer Einwirkung von Wuchsstoffherbiziden. Die einzelnen Teile des Blattes (Blattspreiten, Blattstiele, Nebenblätter) können in unterschiedlichem Grade verbildet sein.
Im allgemeinen wird das Blatt schon in der Phase der Zellteilungen differenziert, seine Gestalt liegt also in der Knospe schon voll ausgebildet vor. Zellstreckungen bringen es nach dem Knospenaufbruch auf seine endgültige Größe. Es ist interessant festzustellen, daß die Wuchsstoffherbizide nicht in gleichem Maße wie beim

Stengel auf das Streckungswachstum der Blattspreitenzellen Einfluß nehmen können, da in die Steuerung dieses Prozesses noch andere Faktoren, wie Nährstoffversorgung usw., eingeschaltet sind. Daher wirken die Wuchsstoffherbizide in erster Linie auf die Blattform ein. Dabei ist der Entwicklungszustand der Blattprimordien am Vegetationskegel zum Zeitpunkt der Wirkstoffapplikation von Bedeutung. Nur die zu diesem Termin empfindlichen Blattanlagen unterliegen einer Verbildung. Das äußert sich im Erscheinungsbild einer ausgewachsenen Pflanze oft so, daß am Stengel zwischen basale und apikale Zonen intakter Blätter eine Zone mit deformierten Blättern eingeschaltet ist.

Die Blattstiele reagieren sehr empfindlich auf Wuchsstoffherbizide. Der Wirkstoffeinfluß führt bei ihnen, wie beim Stengel, zu typischen Epinastien, selten zu Hyponastien. Alle Formen der Verkrümmungen und Verdrehungen sind hier möglich. Häufig sind auch Schwellungen zu beobachten, die im fortgeschrittenen Stadium durch Gewebespannungen infolge unregelmäßiger Zellstreckungen brüchig werden und aufreißen können. Die Mißbildungen der Blattspreiten beruhen meist auf Fehlsteuerungen im Wachstum von Blattnerven, Mesophyll, (Palisadenparenchym, Schwammparenchym) und Epidermen. Verringerung der Mesophyllentwicklung bei verstärktem Wachstum der Nerven führt zu Schmalblättrigkeit und schließlich zur völligen Reduktion der Spreite. Umgekehrt bewirkt das Zurückbleiben des Nervenwachstums bei luxurierendem Wachstum des Mesophylls Blattkräuselungen und blasige Auftreibungen der Interkostalfelder. Verdrehungen und Krümmungen der Blätter werden durch schnelleres Wachstum der Mittelrippe und Hauptnerven bei gleichbleibendem Wachstumstempo der Interkostalfelder verursacht. Becher- und kahnförmiges Verkrümmen sowie Faltungen der Blätter beruhen auf disharmonischem Flächenwachstum der das Blatt aufbauenden Gewebeschichten. Zellwucherungen im Mesophyll führen in manchen Fällen (z. B. Keimblätter) zur Sukkulenz.

Das Muster der Blattnervatur kann qualitative Veränderungen erfahren, die meist mit Störungen in der Ausbildung der Interkostalfelder verbunden sind. Von Teilungen der Mittelrippe (Fächernervatur) über Netznervigkeit bis zu scheinbarer Parallelnervigkeit können mehrere Verbildungsmöglichkeiten realisiert sein.

Die bisher beschriebenen Blattdeformationen können auch an Teilblättchen zusammengesetzter Blätter beobachtet werden. Neben diesen Formveränderungen kommen Abweichungen in der Textur (z. B. Lederigkeit, Brüchigkeit), der Farbe (fahlgrünes Aussehen, Rötungen) und der Blattrandgestaltung (tiefere Buchtungen und Sägungen) vor.

Eine weitere typische Gruppe von Blattdeformationen sind die Verwachsungen von Blattstielen und Blatträndern. Pflanzen, die normalerweise geteilte Blätter besitzen, können unter Wuchsstoffherbizideinfluß ungeteilte Blätter ausbilden. Dabei können, je nach Empfindlichkeit der beeinflußten Blattprimordien, an einer Pflanze viele Übergangsstadien, wie Teilverwachsungen durch Flügelbildung an der Rhachis, beobachtet werden. Es kommt aber sehr häufig durch Fusion von Blattprimordien zur Verwachsung eines oder mehrerer Blätter. Dabei schließen die zur Röhre verwachsenen Blattstiele und die tütenförmigen Blattspreiten den Vegetationspunkt und damit den Neuwuchs ein. Der Neuwuchs macht sich meist nach einiger Zeit durch Sprengen des oft brüchigen Blatttrichters frei. Solche Tütenbildungen sind als „Ascidien“ schon 1892 (Čelakovsky, zit. Čača 1967) beschrieben worden und können auch durch andere pathogene Einflüsse (Viren) hervorgerufen werden. Die seltener vorkommende Blattrandverwachsung seitlich inserierter Einzelblätter ist in der Einwirkung von Wuchsstoffherbiziden auf ein späteres Entwicklungsstadium der Blattprimordien begründet. Fusionen von Keimblättern, die zu unsymmetrischen flächenhaften bis flaschenförmigen Gebilden führen, sind ebenfalls bekannt. Man kann allgemein feststellen, daß die Gefahr einer Fusion von Blattprimordien um so geringer ist, je schneller die Entwicklung der Blattanlage vor sich geht, da auf diese Weise die empfindliche Phase des jungen Primordiums kurz gehalten wird.

Schwere Schäden entstehen durch Blockierung der Blattprimordienbildung bei sonst funktionierendem Vegetationspunkt. Verminderungen der Blattzahl bis zu völligem Fehlen von Stengelblättern sind die Folge.

Es wurde bereits darauf hingewiesen, daß die morphogenetischen Einflüsse von Phenoxyfettsäurederivaten nur auf Primordien wirksam werden können, die im Moment der Applikation vorhanden und genügend empfindlich sind. Es werden aber auch Ausnahmefälle beschrieben, bei denen die Wirkstoffe noch Primordien beeinflußten, die erst nach der Applikation angelegt wurden (Baumwolle, Gifford 1953 zit. Gorter und van der Zweep 1964). Diese Erscheinungen fußen offenbar auf der durch unterschiedliche Empfindlichkeit bzw. Toleranz der verschiedenen Pflanzenarten bedingten mehr oder weniger ausgeprägten Persistenz der Wirkstoffe in den Meristemen. Bei Holzgewächsen (Weinrebe) ist eine „Konservierung“ der Blattdeformationen in schlafenden Knospen über ein bis mehrere Jahre möglich (Hanf 1957).

Bei Gräsern und ähnlich gebauten einkeimblättrigen Pflanzen sind Blattmißbildungen durch die morphogenetischen Besonderheiten (Interkalarmeristeme) nicht so vielgestaltig wie bei den Zweikeimblättrigen, auf die sich die bisher beschriebenen Merkmale bezogen. Die Deformationen beschränken sich auf Blattverschmälerungen, Verdrehungen und Wellungen. Durch Verwachsen von Blatträndern oder durch einfaches Zusammenrollen entstehen bei Gräsern die sogenannten Verbinsungen, die im Gegensatz zu den sonst überhängenden Gramineenblättern starr aufrecht stehen und so den Habitus der Pflanzen auffällig verändern.

11.2.1.3. Veränderungen der Wurzeln

Die Wurzeln reagieren sehr sensibel auf die Einwirkung von Phenoxyessigsäurederivaten. Der Wirkstoffeinfluß äußert sich allgemein in Hemmungen des Längenwachstums bei gleichzeitiger Förderung der seitlichen Streckung der Wurzelzellen. Dadurch wird neben Wurzelverkürzungen ein unregelmäßiges Dickenwachstum verursacht. Ähnliche Erscheinungen werden auch unter dem Einfluß

anderer Wirkstoffgruppen (z. B. Karbamate) beobachtet. Typisch für eine Wuchsstoffherbizidwirkung ist die massenhafte Bildung von Seitenwurzeln. Diese pathologischen Seitenwurzeln stehen sehr dicht und sind meist gestaucht und verkümmert. Sie können verbändern und zu regelrechten Platten fusionieren. Wie normale Wurzeln werden sie vom Zentralzylinder der Wurzel gebildet und zerreißen daher beim Durchwuchern die Wurzelrindengewebe, so daß Eintrittsstellen für Sekundärinfektionen entstehen. Außer diesen krankhaften Seitenwurzeln bilden sich an den Wurzeln, vor allem an fleischigen Wurzelkörpern (Möhren, Rüben), gallen- und tumorartige Wucherungen. Die Wurzelhaare werden durch Wuchsstoffherbizide in ihrer Streckung gehemmt und vor allem durch die Verstärkung der Zellwände funktionsuntüchtig gemacht.
Bei einkeimblättrigen Pflanzen, besonders Gräsern, deren Adventivwurzeln normalerweise einfach und selten verzweigt sind, verursachen Wuchsstoffherbizide eine stärkere Verzweigung und Seitenwurzelbildung. Gleichzeitig wird die Adventivwurzelbildung bei vorzeitigem Absterben der Primärwurzel gefördert. Durch Beeinflussung der Stützwurzelbildung kann die Standfestigkeit abnehmen (z. B. Mais).

11.2.1.4. Veränderungen der Infloreszenzen

Aus wirtschaftlichen Gründen konzentriert sich das Interesse der meisten Beobachter auf die Mißbildungen der Getreideinfloreszenzen (Hanf 1958, Stryckers 1960 u. a.). Die Ergebnisse der Untersuchungen gelten jedoch für alle Gräser mit ähnlichem Infloreszenzaufbau.
Für die Art der Schädigung ist der Entwicklungsstand der Getreidepflanze zur Zeit der Wirkstoffapplikation entscheidend (Abb. 2, 3 und 4). Erfolgt die Anwendung der Wuchsstoffherbizide in einem sehr frühen Stadium, in dem nur Blattprimordien angelegt werden, sind Verbinsungen die Folge. Daraus ergibt sich später ein Einfluß auf die Infloreszenz, indem sich die Ähre bzw. Rispe aus der sie umschließenden Blattröhre unter Krümmungen herauszwängen muß (Steckähre). Wuchsstoffherbizideinflüsse im Stadium der Ährchenanlage führen zu Ährchenabnormalitäten. Die fertig angelegte Ähre unterliegt dem Wirkstoffeinfluß kaum noch (Myers 1953). Jetzt kann aber noch eine Schädigung der sich entwickelnden Einzelblüten durch Hemmung der Narben- und Fruchtknotenentwicklung einsetzen und zu Taubährigkeit führen.
Die Ährenspindel kann durch Verlängerung bzw. Verkürzung der Internodien reagieren. Die Folge sind gestauchter oder aufgelockerter Ährenwuchs, dazu können wellenförmige Verkrümmungen und Knickungen kommen.
Das Auftreten gegabelter Ähren (Doppel- oder Mehrfachähren 2···5fach) wird durch Teilung der Spindelprimordien verursacht. Teilt sich die Spindel schon früh, können Ähren auf selbständigen Stielchen auftreten. Meist tritt die Teilung erst innerhalb der Ähre ein, die Stelle der Gabelung wird dabei durch den Applikationstermin des Herbizids bestimmt. Unregelmäßige Verzweigungen innerhalb der Ähre können auch durch die Ausbildung sonst rudimentär

bleibender Blütenanlagen an der Spitze der Ährchen entstehen. Der Ährengabelung entsprechen Sekundärrispenbildungen beim Hafer. Doppelähren treten auch spontan auf. Außerdem kann überhöhte Kalkstickstoffdüngung häufigere Doppelährenbildung bewirken (Buhl 1969).

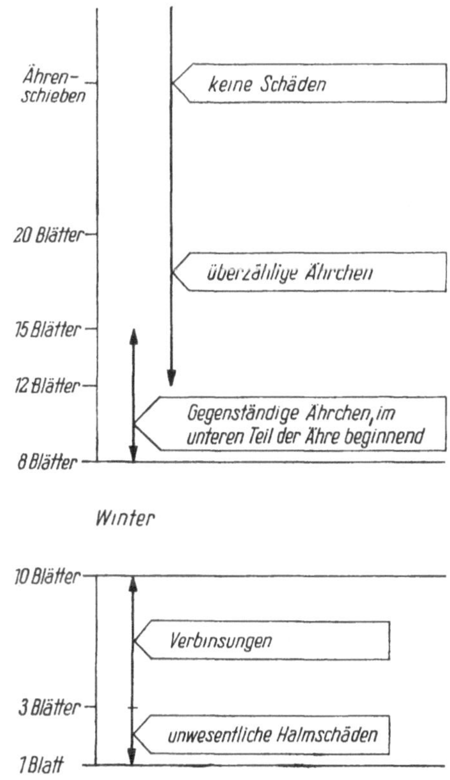

Abb. 2. Wuchs- und Infloreszenzanomalien bei Winterweizen nach Wuchsstoffherbizid-Behandlungen in verschiedenen Entwicklungsstadien. Nach Hagsand 1954, aus Audus, L. J., The Physiology and Biochemistry of Herbicides. London/New York 1964

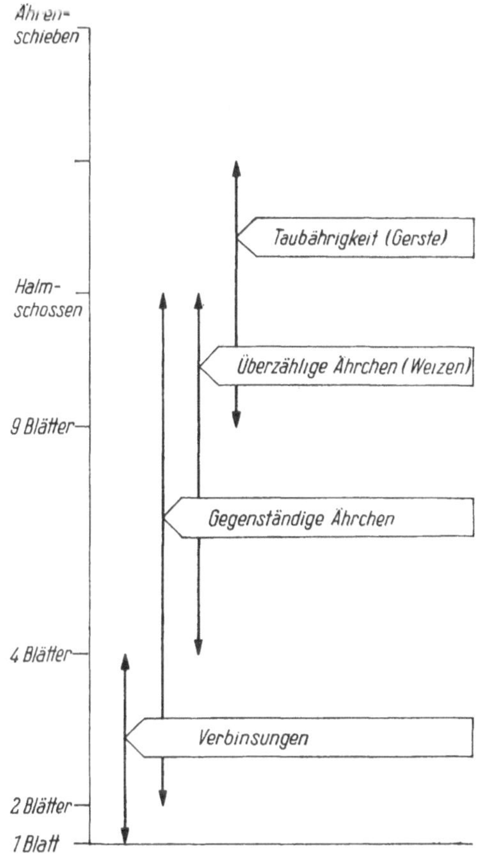

Abb. 3. Wuchs- und Infloreszenzanomalien bei Gerste und Sommerweizen nach Wuchsstoffherbizid-Behandlungen in verschiedenen Entwicklungsstadien. Nach Hagsand 1954, aus Audus, L. J., The Physiology and Biochemistry of Herbicides. London/New York 1964

Andere Schadbilder beruhen auf Defekten in der Ährchenverteilung an der Ährenspindel bzw. den Rispenästen. So können Ährchen fehlen (Schartigkeit, Flissigkeit) oder überzählig und gebüschelt sein. In anderen Fällen wird die wechselständige Anordnung der Ährchen durchbrochen und werden einzelne Ährchen gegenständig angeordnet (Knäuelähren, Wirbelähren).

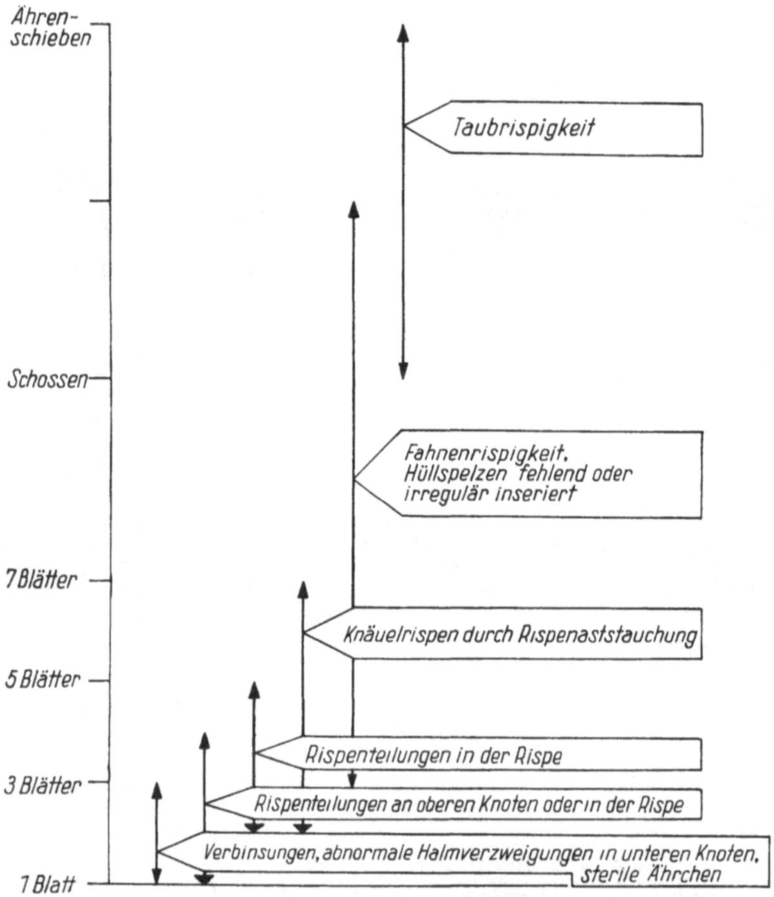

Abb. 4. Wuchs- und Infloreszenzanomalien bei Hafer nach Wuchsstoffherbizid-Behandlungen in verschiedenen Entwicklungsstadien. Nach HAGSAND 1954, aus AUDUS, L. J., The Physiology and Biochemistry of Herbicides. London/New York 1964

Für die Rispengräser gelten in übertragenem Sinne ähnliche Deformationen. Die Zahl der Rispenäste kann reduziert werden, u. U. kann die Rispenbildung teilweise oder ganz unterbleiben. Bei der Beurteilung von Schadbildern im Hinblick auf eine mögliche Rekonstruktion des Anwendungstermins muß beachtet

werden, daß sich die Haferrispe basipetal entwickelt, d. h., daß die oberen Rispenteile zuerst voll entwickelt sind, während Ähren sich in umgekehrter Folge, also akropetal, ausbilden. Ährchendefekte an einer Rispenspitze sind demnach Ausdruck eines früheren Applikationstermins, dagegen deutet der gleiche Schaden bei einer Ähre auf einen späteren Anwendungstermin.
Bei zweikeimblättrigen Pflanzen können ähnliche Verbildungen der Infloreszenzen vorkommen. Bei einem Abdriftschaden konnten Streckungen und Stauchungen (Blütenknäuel) der Blütenstandsachse bei Lupine beobachtet werden (Schwär, Wissel und Otto 1966). Oft wird auch die Zahl der Blüten in der Infloreszenz erhöht (Dolden- und Korbblütler).

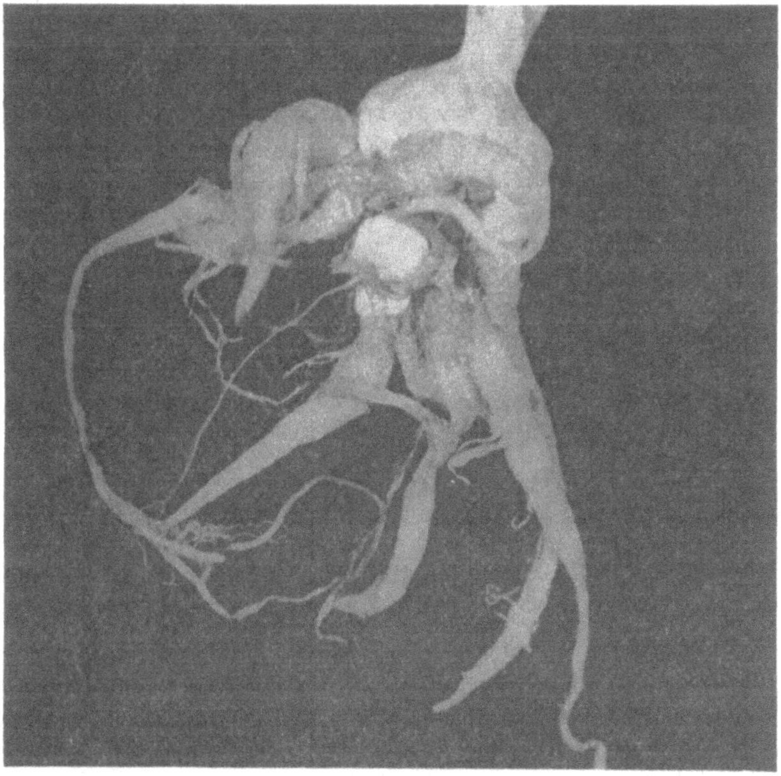

Abb. 5. Stark angeschwollene, verkrümmte und z. T. verbänderte Wurzeln der Gladiole (Wuchsstoffherbizidschaden). (Foto: Schwartz)

11.2.1.5. Veränderungen der Blüten und Früchte

Wuchsstoffherbizide können mannigfache Veränderungen des relativ komplizierten und vielgestaltig zusammengesetzten Organkomplexes Blüte bewirken. Im schwersten Fall können sämtliche Blütenteile ausfallen, oft fehlen nur einzelne Kreise. Innerhalb der Kreise aber können Vervielfachungen oder Reduktionen der

Blütenorgane vorkommen. Bei der Steigerung der Blütenblattzahl können einige Blütenblätter zusätzlich auftreten, daneben ist eine reguläre Multiplikation der Grundzahl möglich. Eine Reduktion der Zahl der Blütenteile kann dagegen nicht nur durch Ausfälle, sondern auch durch Fusionen von Primordien bewirkt werden.

Die Gestalt der Blüten- und Kelchblätter kann zusätzlich variiert werden. Bei Schmetterlingsblüten wurden z. B. Reduktion von Fahne und Flügel bis zur völligen Abwesenheit sowie langgestreckte Schiffchen beobachtet (Schwär, Wissel und Otto 1966). Über Entfärbung von Rapsblüten durch Mecoprop-Abdrift (Esterdämpfe) berichtete Diehl (1964).

Die Staubblätter werden, bei Variation der Anzahl, meist zu blütenblattähnlichen Formen umgebildet, wobei viele, z. T. noch antherentragende Zwischenstadien auftreten. Einfluß von Wuchsstoffherbiziden kann schließlich zum Unterbrechen der Antherenentwicklung und damit zur männlichen Sterilität führen. Im Bereich der Fruchtblätter kommt es ebenfalls zu Ausfallerscheinungen, zusätzlichen Bildungen und Fusionen, wodurch die Samenproduktion herabgesetzt wird.

Schließlich sei auf den Einfluß der Phenoxyessigsäurederivate auf die Geschlechtsverteilung bei monözischen und diözischen Pflanzen hingewiesen. So wurde bei Hanf eine von der Konzentration der applizierten 2,4-D abhängige Bevorzugung zur Bildung männlicher bzw. weiblicher Pflanzen beobachtet (Stryckers 1960). Bei Laboruntersuchungen wurde bei Gurken eine wuchsstoffbedingte Unterdrückung der männlichen Blüten beobachtet. Über Fruchtdeformationen liegen bisher wenig Mitteilungen vor. Voll ausgewachsene Früchte sind gegen Wuchsstoffeinflüsse von außen unempfindlich.

11.2.2. Spezielle Schadensbeschreibungen

11.2.2.1. Getreide

Das Hauptproblem bei der Anwendung von Wuchsstoffherbiziden liegt in der richtigen, d. h. dem toleranten Entwicklungsstadium der Getreidepflanze entsprechenden Bestimmung des Spritztermins. Die Empfindlichkeit der Pflanzen ist vor allem zur Zeit der Keimlingsentwicklung bis zur Bildung des 3. bis 5. Blattes hoch, nimmt dann ab, um am Ende der Bestockung bis zum Halmschossen wieder zuzunehmen. Bei Wintergetreide liegt Ende März etwa das gleiche Ährenentwicklungsstadium vor wie bei Sommergetreide am 50. Tag nach der Aussaat (Hanf 1956). Das toleranteste Entwicklungsstadium liegt im allgemeinen etwas später als der agrotechnisch übliche Applikationstermin. Dieser kann aber wegen des optimalen Unkrautbekämpfungseffektes nicht weiter verschoben werden.

Die Wirkung der Phenoxyfettsäurederivate auf die Getreidearten resultiert bei zu früher Anwendung in Blattverdrehungen und Verbinsungen (Steckähren), allgemein aber führt sie zu Infloreszenzanomalien (Doppelähren, Knäuelähren,

Abb. 6. Bildung von Steckähren durch Verbinsungen als Folge verfrühter Anwendung von Wuchsstoffherbiziden bei Roggen. (Foto: Gerold)

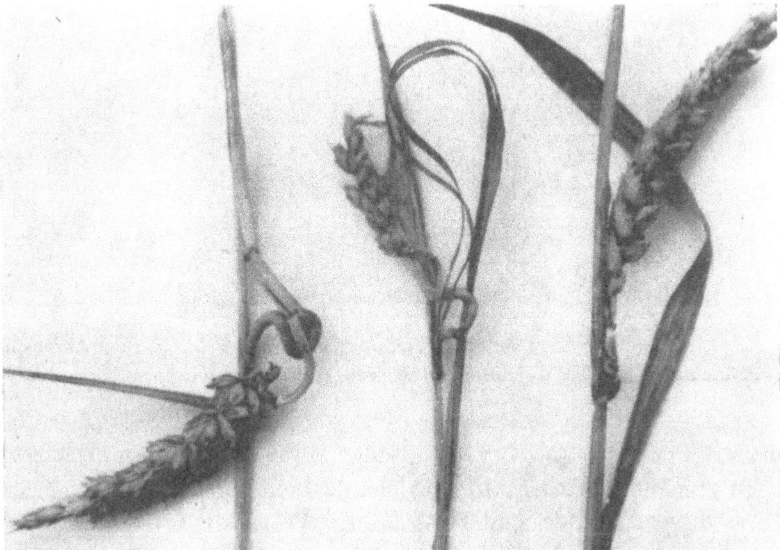

Abb. 7. Verkrümmungen des Ährenstiels verbunden mit Ährenanomalien und Verbinsungen nach verfrühter Anwendung von Wuchsstoffherbiziden (2,4-D). (Foto: Gerold)

Schartigkeit, Taubährigkeit usw.). Blattschäden sind aber auch zu einem späten Zeitpunkt noch möglich, sie treten meist bei Überdosierungen auf.
Mecoprop verursacht daneben Nekrosen, wie sie durch andere Wuchsstoffherbizide nicht ausgelöst werden. Diese Nekrosen gehen gewöhnlich vom Rand und von der Spitze des Blattes aus. Unter ungünstigen Umständen können die Blattspitze oder das obere Viertel des Blattes auch weiß werden.

Abb. 8. Streckungen der Ähreninternodien und Teilungen der Ährenspindel durch 2,4-D-Einwirkung auf Weizen. (Foto: Helmecke)

Hafer ist gegenüber Wuchsstoffherbiziden, besonders gegen 2,4-D, sehr empfindlich. Aus diesem Grunde sind 2,4-D-haltige Präparate für die Anwendung in Hafer nicht zugelassen. Die Schadbilder sind neben Blattverdrehungen und Verbinsungen besonders in schweren Fällen durch Rotfärbungen, vor allem der unteren Blätter, gekennzeichnet. Diese Blätter können später absterben. Trotz derartiger Symptome ist eine Erholung in der weiteren Entwicklung nicht ausgeschlossen (Hafner 1963). Infloreszenzschäden bei Hafer treten im allgemeinen als „Fahnenrispigkeit“ und „Flissigkeit“ auf. Da in der Rispenentwicklung zuerst die oberen Teile ausgebildet werden, ist Schädigung durch frühzeitige Wuchsstoffherbizid-Anwendung an Ausfallerscheinungen an der Spitze zu erkennen.

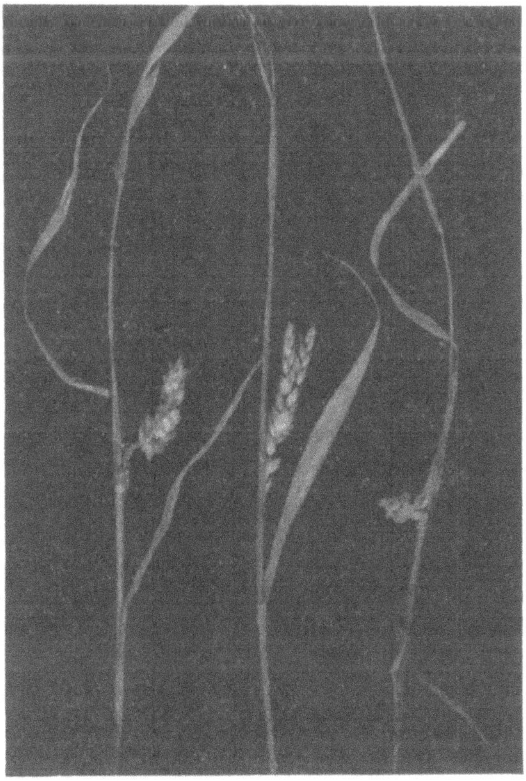

Abb. 9. Deformationen von Weizenähren — Symptome für 2,4-D-Schädigung. (Foto: Helmecke)

Neben der mangelhaften Ährchenausbildung (Flissigkeit) kann eine Wuchsstoffherbizid-Applikation im Stadium der weitgehend differenzierten Rispe zur Fahnenrispigkeit führen, bei der die aufrechte Stellung bzw. steile einseitige Neigung der Rispenäste durch Hemmung ihres Streckungswachstums verursacht werden (Hanf 1958).
Toleranter als gegen 2,4-D ist Hafer gegenüber MCPA-Na und einem Kombinationspräparat aus Kresol + MCPA-Ester („Leuna Meck“), wie Prüfungen der Mittel im Einblattstadium ergaben (Kurth und Streuber 1967).

Mecoprop verursacht neben den bekannten Wuchsstoff-Schäden Blattnekrosen und Rotfärbungen des nicht nekrotisierten Gewebes. Die Rötungen unterbleiben nach sehr hohen Aufwandmengen. Kombinationen von MCPA + 2,4,5-T werden in normalen Aufwandmengen toleriert. MCPA + 2,3,6-TBA bewirken im Bestockungsstadium Blattverdrehungen und wirre Nebentriebe.

Weizen ist, vor allem gegen 2,4-D, etwas weniger empfindlich als Hafer. Zu frühe Anwendung, auch von MCPA im 3-Blatt-Stadium kann zu Ährendeformationen führen, die sich später jedoch verwachsen und keine Ertragsdepressionen zur Folge haben. Bei Applikationen im 1-Blattstadium muß mit Verbinsungen und Ertragsminderungen gerechnet werden (Feyerabend 1967). Überdosierungen haben auch während unkritischer Entwicklungsphasen des Weizens schwere Folgen. Bald nach der Anwendung lagern die Nebenschosse mit verdrehten Blättern flach auf dem Boden. Bei ernsten Schäden verfärben sich die Blätter gelb und sterben nach 14 Tagen ab.

Gegenüber Mecoprop ist Weizen relativ tolerant. Frühe Applikation normaler Aufwandmengen kann zu leichten Blattnekrosen führen. In den späteren Entwicklungsstadien von der Bestockung an sind von anderen Wuchsstoff-Herbiziden differenzierte Effekte nicht festzustellen (Hafner 1963).

Von den bereits beschriebenen Infloreszenzschäden scheint vor allem die Bildung seitlicher Verzweigungen der Ähre bei Weizen häufiger vorzukommen. Das gleiche gilt für das Auftreten zusätzlicher Zeilen und Fruchtknotenteilungen. Durch derartige Anomalien kann sich die Kornzahl bei gleichzeitiger Abnahme der Korngröße erhöhen. Streckung der Ährenspindel ist bei Weizen seltener als bei Roggen und Gerste (Hanf 1958).

Die Keimung von Weizensaatgut kann durch Wuchsstoffherbizide im Boden stark gehemmt werden. Die Möglichkeit der Keimhemmung ist auch bei der Lagerung des Saatgutes zu beachten. Leicht flüchtige Präparate (Ester) sollten nicht gemeinsam mit Saatgut gelagert werden.

Für den Roggen ist die Empfindlichkeit gegenüber Mecoprop hervorzuheben. Normale Dosierung ruft schon bei 10% der Pflanzen Blattspitzennekrosen nach Anwendung im Stadium des Bestockungsabschlusses hervor. Durch eine Steigerung der Aufwandmenge auf das 1,5fache werden 15—20% der Pflanzen geschädigt. Die Nekrosen nehmen meist die Hälfte des Blattes ein. Stärker beeinträchtigte Pflanzen sterben ab. Zusätzlich treten Halmverkürzungen auf (Hafner 1963). Versuche in Österreich, in denen die Anwendung bei 12—15 cm Höhe des Roggens erfolgte, ergaben keine Nekrosen, dafür aber eine 3 Wochen nach der Applikation sichtbar werdende Hemmung des Längenwachstums mit chlorotischen Verfärbungen der Blätter (Neururer 1960). Auf 2,4-D und MCPA reagiert Roggen mit den bekannten Mißbildungen. Er neigt stärker als andere Getreidearten zur Doppel- bzw. Mehrfachährenbildung.

Gerste, die 2,4-D und MCPA bei termingerechter Anwendung toleriert, kann auf Kombinationen von MCPA + 2,4,5-T mit ertragsmindernden Ausfallerscheinungen reagieren. Der Habitus der Pflanzen wird dabei durch starke Blatt-

Abb. 10. Teilungen der Ährenachse bei Roggen als Folge von 2,4-D-Einwirkung (Spritz-hormit). (Foto: Schwartz)

verdrehungen und wirr durcheinanderfallende Nebenschosse gekennzeichnet. Das Schadbild kann jedoch nach 6 Wochen wieder verwachsen sein.
Mecoprop ist für Gerste allgemein verträglich. Zu später Anwendungstermin während des Halmschossens kann bewirken, daß in ungünstigen Fällen ein Drittel der Pflanzen Blattnekrosen zeigt (Hafner 1963). Seltener treten als Folge von Mecoprop-Behandlungen Reifeverzögerungen und starke Grannenbildungen, die selbst durch sorgfältige Reinigung nicht abbrechen, auf (Dame 1964).
Mais ist bei Wuchshöhen von 40 cm noch relativ tolerant gegenüber Wuchsstoff-herbiziden. Dennoch können nach Anwendung von MCPA und Mecoprop Wachstumsstockungen eintreten. Dabei hängen die Blätter fahlgrün und schlaff herab. Humoser Boden verstärkt die Wirkung. Diese Beeinträchtigungen werden jedoch nach 2 bis 3 Wochen ohne Nachwirkungen überwunden. Bei späterer Anwendung (60 cm Höhe) einer 2,4-D + MCPA-Kombination zeigen die Pflanzen Verdrehungen und verstärkte Adventivwurzelbildung. Die Luftwurzeln verbreitern sich brettartig.
Spätbehandlung mit MCPA (50—70 cm Höhe) ruft bei Mais schwere Schäden hervor. Es setzt starke Seitenwurzelbildung ein. Luftwurzeln werden nicht gebildet. Dafür verbreitern sich die unteren Knoten und werden hart und brüchig. Die dazwischen liegenden Internodien wirken eingeschnürt und sind wesentlich schwächer als die über einem zwiebelartig verdickten Stengelknoten folgenden

Abb. 11. Blattdeformationen bei Mais durch gestörtes Interkalarwachstum als Symptom für Wuchsstoffherbizid-Schaden. (Foto: Schwartz)

Stengelglieder. Die verbreiterten Knoten platzen meist in der Mitte quer auf und verursachen Stengelbruch. Bei jüngeren Pflanzen biegt sich das über dem Luftwurzelknoten liegende, geschwächte Internodium langsam durch. Diese Pflanzen stehen schief und sind nicht standfest. Aufbrechen des Luftwurzelkranzes und Stengelbruch treten auch hier auf (Engel 1965). Gegen 2,4-D ist Mais weniger empfindlich.

Bei allen Getreidearten ist das Auftreten von Halm-, Blatt- oder Infloreszenzdeformationen nicht gleichbedeutend mit nachfolgenden Ertragsdepressionen. Im allgemeinen verwachsen sich leichte Schäden und sind zur Zeit der Ernte nicht mehr oder kaum noch feststellbar. Der Ertrag wird in solchen Fällen nicht signifikant herabgesetzt. Das gilt besonders für Bestände unter optimalen Kulturbedingungen. Rademacher und Hafner (1965) beobachteten bei einem Versuch auf gutem nährstoffreichem Boden keine Ertragsdepressionen nach Anwendung von Wuchsstoffherbiziden. Dagegen wurden auf nährstoffarmen Böden deutliche Mindererträge an Korn und Stroh festgestellt. Bei Wuchsstoffschäden wirken neben niederem Nährstoffniveau pH-Werte im sauren Bereich belastend auf das Ernteergebnis.

Zu der verstärkenden Wirkung ungünstiger Bodenfaktoren müssen noch negative klimatische Einflüsse in Betracht gezogen werden. Hohe Temperaturen mit stärkeren Regenfällen nach der Anwendung von Wuchsstoffherbiziden scheinen das Auftreten von Schäden zu fördern. Ähnlich wirken Nachtfröste mit nachfolgendem kühlen und trüben Wetter (Hanf 1956).

Besteht die Schädigung in erster Linie in Infloreszenzschäden, wie Schartigkeit, Schmachtkornbildung und Taubährigkeit nach verspäteter Anwendung, sind

Ernteverluste unumgänglich. HAMANN (1969a) beobachtete nach Ährenschäden, die durch 2,4-D-Ester-Überdosierung entstanden waren, bei Winterweizen 50 bis 80% Ertragsausfall.

Es ist auch möglich, daß eine spezifische Wirkstoffeigenschaft, wie die des Mecoprop zur Halmverkürzung, lediglich eine Minderung der Stroherträge bewirkt.

Schadsymptome, die für Wuchsstoffherbizide nicht typisch sind, können durch Schockwirkung bei Verunreinigung von wuchsstoffhaltigen Spritzbrühen mit anderen Wirkstoffen entstehen. BECKER (1964) beobachtete nach Behandlung eines Wintergerstenschlages (10 Tage vor dem Ährenschieben) mit einem MCPA + 2,4,5-T – Präparat, das mit Cycluron + Chlorbufam (Alipur) verunreinigt war, zerzaust faserige, verbildete Ähren. Vielfach waren keine Körner entwickelt oder nur die Ährenspindeln ausgebildet. Gleichzeitig blieben die Pflanzen im Wuchs zurück. Die Erträge waren um 50% gemindert. Die gleichen Symptome wurden auch bei Hafer beobachtet. Ein sehr ähnliches Schadbild beschrieb HOLZ (1957) nach einer DNOC-Wuchsstoffherbizid-Spritzung, bei der ungünstige Witterungsverhältnisse wahrscheinlich an der Auslösung der Schockwirkung beteiligt waren.

Interessant ist auch, welchen Einfluß die Wuchsstoffherbizid-Behandlungen auf die Saatgutqualität haben können. Die Ergebnisse der bisher vorliegenden Beobachtungen sind in der Aussage nicht einheitlich. BECKER (1961) konnte trotz typischer Infloreszenzschäden bei Weizen, Roggen, Hafer und Gerste keinen Einfluß auf die folgende Generation feststellen. Diese Beobachtung ist bestätigt worden. Dagegen fand IVANENKO (1968) ein schlechteres Auflaufen des Saatgutes anomaler Ähren. Die Tausendkornmasse der Nachkommen war wie bei der behandelten Generation etwas geringer.

HAFNER (1963) beobachtete lediglich bei Hafer nach Behandlung mit Wuchsstoffherbiziden eine geringe Verminderung der Tausendkornmasse. Dabei war der Kleinkornanteil etwas reduziert. Back- und Brauqualität der Körner werden im allgemeinen nicht negativ beeinflußt. Nur bei abnorm vergrößerten Gerstenkörnern wird eine Verschlechterung der Malzqualität bemerkt.

11.2.2.2. Kartoffeln

Für die Induktion sichtbarer Schäden durch Wuchsstoffherbizide spielt auch bei der Kartoffel das jeweilige Entwicklungsstadium zum Applikationszeitpunkt eine Rolle. So lange die Vegetationspunkte aktiv sind, besteht eine erhöhte Empfindlichkeit. Behandlungen kurz vor dem Reihenschließen reduzieren den Ertrag bei Anwendung von MCPA um 5%, bei 2,4-D um 6% und bei MCPB um 7% (MÖHL 1967). Nach abgeschlossenem Wachstum kommt als einziges Symptom das Auseinanderfallen der Stengel in Frage.

Den Einfluß von 2,4-D auf die Entwicklung von Kartoffelblättern hat HANF (1957) eingehend untersucht. Die Blattdeformationen entsprechen immer einem bestimmten Entwicklungszustand der Blattanlage bei Herbizid-Applikation. Dementsprechend kommen eine Reihe von möglichen Blattverformungen vor,

wobei Verwachsungen der Fiederblätter durch Flügelbildung der Rhachis zwischen den einzelnen Fiedern oder Verschmälerungen der Fiedernspreiten, verbunden mit Netznervigkeit, am auffallendsten sind. Die 2,4-D-Wirkungen klingen bald wieder ab und verwachsen. 2,4,5-T verursacht weniger formative Veränderungen. Die beschriebenen Blattdeformationen bleiben aus, dafür kommt es bei höheren Konzentrationen zu Stengelkrümmungen und -schwellungen.
Der Einfluß der Wuchsstoffherbizide kann auch die Knollen erfassen. So ist z. B. die Bildung mehrerer Knollen an einem Stolo möglich. Mecoprop erhöht die Knollenzahl bei verringerter durchschnittlicher Knollenmasse. Ferner können Knollendeformationen und -risse auftreten (Roth 1967). Mergenthaler (zit. Kabiersch 1967) beobachtete, daß Knollen Mecoprop-behandelter Pflanzen, die nach Vorauflaufbehandlung selbst keine Symptome zeigten, im folgenden Jahr Pflanzen mit gestauchten Sprossen und Blattdeformationen hervorbrachten. Die Pflanzen normalisierten sich bis Juli, jedoch war ein allgemeines Zurückbleiben nicht zu übersehen. Derartige Fälle sind selten und lassen sich nachträglich nur schwer interpretieren.
Roth (1967) beschäftigte sich intensiv mit Qualitätsproblemen, die mit der Anwendung von Wuchsstoffherbiziden im Kartoffelanbau zusammenhängen. Danach werden Trockenmasse und Stärkegehalt verringert und der N- und Aschengehalt erhöht. Die Kochqualität wird beeinflußt, indem der Typ von der guten „festkochenden" Speisekartoffel in Richtung zur Eintopfkartoffel negativ verändert wird. Lagerverluste werden durch Wuchsstoffherbizide nicht verursacht, eine Keimhemmung ist möglich.

11.2.2.3. *Beta*-Rüben

Zwischen Zucker-, Futter- und Roter Rübe bestehen keine wesentlichen Unterschiede in der Reaktion auf Wuchsstoffherbizide. Das Ausmaß der auftretenden Schäden ist wesentlich stärker vom Entwicklungsstadium zum Applikationszeitpunkt und der Dosis des angewandten Wirkstoffes abhängig. Die Art des Wirkstoffes hat wenig Einfluß. Häufige Schadbilder sind Epinastien, Tütenblätter und Längsrisse im Rübenkörper.
Zunächst sollen die Blattschäden, die unter Einfluß von 2,4-D, MCPA und Mecoprop entstehen können, beschrieben werden. Frühschäden äußern sich z. B. nach Kontamination im 2-Blattstadium in der Bildung der typischen Tütenblätter. Je zwei Blattstiele wachsen zu einer bis 15 cm langen, glatten bis mäßig gewellten zylindrischen Röhre zusammen, die bei fortschreitendem Wachstum an der Basis leicht anschwillt. Darauf sitzen zusammengewachsene, teilweise abnorm ausgebauchte Blattspreiten mit leicht brüchigem Blattgewebe. Die Herzblätter bleiben dichtgedrängt in der Stielröhre sitzen, die sie nach etwa 20—30 Tagen sprengen können. Bei kräftigem Blattwachstum geht dies schnell vor sich und führt nur zu geringfügigen Deformationen (dreieckige Blattspreiten). Bei langsamer Entwicklung und spätem Durchbrechen sind die Blattspreiten der jungen Blätter meist unregelmäßig verdreht und die Blattstiele verkürzt. In seltenen Fällen

unterbleibt die Bildung neuer Herzblätter. Austreiben der Seitenknospen führt in einer späteren Entwicklungsphase zur Vielköpfigkeit. Manchmal kann die Tütenblattbildung unterbleiben. Dafür rollen sich die z. T. verschmälerten Blattspreiten der Innenblätter einwärts. Sie sind lederig, gekräuselt und haben stark gerunzelte und gesägte Blattränder (Čača 1967). — Die Außenblätter haben ge-

Abb. 12. Blattstielverwachsung und Blattspreitenreduktionen bei Zuckerrübe durch Wuchsstoffherbizid-Schädigung. (Foto: Schwartz)

wöhnlich um die Längsachse verdrehte Blattstiele, die meist so stark epinastisch gekrümmt sind, daß die Blätter mit z. T. nach oben eingerollten Spreiten am Boden liegen. Mit fortschreitender Entwicklung werden die Blattstiele brüchig und platzen längs an der Oberseite auf. Die Epinastien können schon durch sehr geringe Wirkstoffmengen verursacht werden (ca. 0,003 kg/ha MCPA, Way 1964a).
Spätere Wuchsstoffherbizid-Einwirkungen kurz vor dem Schließen der Reihen führen nur noch zu den oben beschriebenen Epinastien der Blätter. Die jungen, nachwachsenden Blätter werden nicht mehr deformiert, bleiben aber im Wachstum zurück und sehen dunkler grün aus. Nach 7—14 Tagen haben sich die Pflanzen in solchen Fällen meist erholt. Von der Erholung sind allerdings die schwerer

geschädigten Laubblätter ausgenommen (MARCUS 1968). Mecoprop-Behandlung bewirkt ähnliche, aber wesentlich weniger und schwächere Blattdeformationen; nachwachsende Blätter sind etwas kleiner als normal.

Die Entwicklung der Rübenkörper kann schon durch Wuchsstoffherbizid-Anwendungen in frühem Stadium beeinflußt werden. Im Stadium des 4. und 5. Laubblattes mit 2,4-D in normalen Dosen behandelte Futter- und Zuckerrübenpflanzen bilden kleinere Rüben, die im Durchschnitt nur die Hälfte des normalen Gewichtes erreichen. Durch Anschwellen des Rübenkopfes erscheint der Rübenkörper eingeschnürt. Mit fortschreitendem Wachstum entstehen längsverlaufende Oberflächenrisse, die etwa 15 mm tief und im Mittel 40 mm lang sind. Die den Riß unmittelbar umgebenden Gewebe färben sich schwärzlich. Pro Rübe wurden bis zu 7 Risse gezählt (BUHL 1958, MARCUS 1968). Bei Roten Rüben beobachtete WAY auch mangelhafte Anthozyanausbildung.

Abb. 13. Deformierter, geteilter Rübenkörper mit Oberflächenrissen, warzigen Wucherungen und gestauchten Seitenwurzeln als Folge einer Abdriftschädigung und gestauchten Seitenwurzeln als Folge einer Abdriftschädigung durch Wuchsstoffherbizide. (Foto: Schwartz)

Bei späterer Behandlung kurz vor dem Reihenschließen verkrüppelt bei Zuckerrüben der Rübenkörper nicht mehr. Er wächst aber kegelförmig aus dem Boden heraus und wird bei Roten Rüben mehr langgestreckt zylindrisch. Auffällig ist die starke Produktion gestauchter Seitenwurzeln. Bei Roten Rüben kann die Seitenwurzelbildung auch über dem Boden beobachtet werden. An der unteren Rübenhälfte entstehen erhebliche Wucherungen von warzigem Gewebe. Die Pfahlwurzel ist oft mit gestauchten, verdrehten und verbänderten Seitenwurzeln besetzt und teilweise durch Gewebewucherungen verkrustet. Mecoprop-Behandlung bewirkt nur geringfügige Risse im Rübenkörper und selten Verbildungen (Way 1964a, Marcus 1968).

Ertragsminderungen können je nach Schädigungsgrad nicht ganz ausgeschlossen werden. Durch geringere Bestandesdichte und Verminderung der Rübenmasse pro Pflanze wird der Flächenertrag an Blatt- und Rübenmasse trotz etwas verstärkten Blattwachstums bei frühen Applikationsterminen merklich herabgesetzt (Marcus 1968). Das gilt jedoch nur für höhere Dosen. Bei den oft sehr geringen Mengen, die in Kontaminationsfällen auf die Pflanzen einwirken, dürfte die Ertragsminderung kaum ins Gewicht fallen. Buhl (1958) stellte trotz starker Tütenblattbildungen eine Verringerung der mittleren Rübenmasse um rund 13% fest. Der Ertrag lag bei 653 dt/ha.

Die spätere Behandlung kurz vor dem Reihenschließen verringert das Einzelgewicht der Rüben nur wenig, so daß der Flächenertrag kaum vermindert ist. Trotzdem kann die technologische Qualität der Zuckerrüben z. T. erheblich beeinflußt werden. Marcus fand bei späterem Behandlungstermin eine Steigerung des Gehaltes an löslichem Stickstoff und löslicher Asche um 73 bzw. 35%. Einen ähnlich ausgeprägten Effekt bewirkt auch Mecoprop. Ferner wird der Zuckergehalt gesenkt.

11.2.2.4. Hülsenfrüchte

Bereits auf geringe Dosen reagieren Blätter und Blattstiele mit epinastischen Krümmungen. Dabei können die Blattgelenkpolster anschwellen. Eine typische Blattanomalie ist die Netznervigkeit. Blattnerven und Anastomosen treten hervor und wirken wie ein bleiches Netz. Vielfach verwachsen die Fiederblättchen zu ungeteilten Blättern. Dabei sind viele Übergangsformen von geflügelten Fiederachsen bis zu völligen Verwachsungen möglich. Sehr häufig zeigen die Fiederblättchen starke Reduktionen der Spreiten. Daneben kommen auch Spaltungen von Fiedern vor. Da die drei Fiederblätter bei Gartenbohnen gleichzeitig angelegt werden, sind die Deformationen von End- und Seitenfiedern im Gegensatz zu den sich anders entwickelnden Kartoffelblättern gleichartig (Hanf 1957).

Das Ergebnis einer 2,4-D- oder MCPA-Einwirkung hängt auch hier in erster Linie vom Entwicklungsstadium der Pflanze bei der Applikation ab. Behandlung von Gartenbohnen bei der Keimung verursacht eine Abwandlung der normalerweise herzförmigen Primärblätter zu fächernervigen dreieckigen Blattformen.

Das erste Folgeblatt bleibt noch ungeteilt, bei den nächsten Folgeblättern treten Spaltungen der Seitenfiedern auf (HANF 1957).
Trifft die Wuchsstoffherbizideinwirkung die Pflanzen erst im Stadium der voll entfalteten Folgeblätter, werden netznervige Fiedern mit z. T. stark reduzierter Spreite gebildet. Daneben kommen oft Fiederspaltungen vor. Der Grad der Deformationen ist konzentrationsabhängig.

Abb. 14. Reduktion der Fiederblattspreiten bei Buschbohne nach Einwirkung eines Wuchsstoffherbizids. (Foto: Pritsche)

Bei Spätschäden an Gartenbohnen können die Blätter korkzieherartig verdreht und eingerollt sein (MCPA) und bei höheren Dosen absterben.
Stengelschäden bestehen meist in Schwellungen durch Zellwucherungen des epidermalen und kortikalen Bereiches. Bei Saatplatterbsen verursachen 2,4-D und MCPA vor allem starke Anschwellungen der Stengelbasis (KRÜGER 1961). Hierbei ist auch Adventivwurzelbildung möglich.
Wurzelschäden treten bei Gartenbohnen nur dann auf, wenn durch die Herbizideinwirkung das Hypokotyl beeinflußt worden ist. Sie bestehen in Fusionierungen von neu angelegten, aber verkümmerten Seitenwurzeln. Ältere Pflanzen

reagieren durch massive Wucherungen von gestauchten Faserwurzeln; diese Erscheinung ist bei jungen Pflanzen nicht bekannt.
Interessant sind in diesem Zusammenhang die Ergebnisse einer Untersuchung von Geranmayeh (1964) über den Einfluß von 2,4-D auf die Wurzelknöllchenbildung von *Vicia faba*. Bei Blattapplikation (0,001 und 0,002%) wird die Knöllchenbildung stimuliert, bei Wurzelapplikation dagegen gehemmt.
Bei älteren Pflanzen kann auch die Ausbildung der Infloreszenz (Streckungen bzw. Stauchungen der Achsen) und der Blüten selbst beeinträchtigt werden (siehe S. 94). Neururer (1962) fand, daß durch MCPB der Blühbeginn bei 6 von 24 Erbsensorten um 3 Tage vorverlegt, dagegen bei 4 Frühsorten verzögert wurde. In der Folge dieser Anomalien traten auch Hülsendeformationen auf.
Die am Beispiel der Gartenbohne dargestellten Schadbilder gelten im wesentlichen auch für die anderen Schmetterlingsblütler. Die Sproß- und Blattverkrümmungen betreffen im allgemeinen nur den direkt vom Wuchsstoffherbizid betroffenen Bereich. Die Schäden können durch die weitere Entwicklung überwachsen werden.

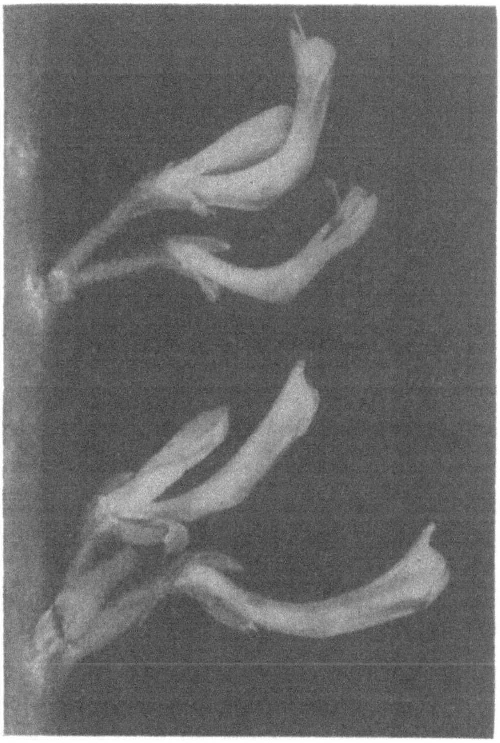

Abb. 15. Reduktionen (Fahne und Flügel) und Deformationen (Schiffchen) von Blütenteilen bei Schmetterlingsblütlern (Lupinus polyphyllus) nach Einwirkung von Wuchsstoffherbiziden. (Foto: Helmecke)

Interessant ist, daß an einigen Stellen bei Erbsen Nachwirkungen auf die Keimfähigkeit der Samen von herbizidbehandelten Pflanzen beobachtet wurden. Way (1963c) fand, daß die Keimfähigkeit und die Radikulalänge bei Samen von

2,4-D- bzw. MCPA-geschädigten Pflanzen verringert waren. KÖHLER (1968) stellte fest, daß das äußerlich normale Saatgut von Futtererbsen, die zur Blütezeit durch 2,4-D-Ester-Abdrift geschädigt wurden, zu einem Drittel Keimlinge mit Wuchsanomalien hervorbrachte. Das betraf nicht nur die Keimwurzeln sondern auch Habitusveränderungen, wie Verkürzungen des 2. und Verlängerung des 3. Internodiums, sowie Fiederspreitenreduktionen. Versuche zeigten, daß derartige Schäden schon durch 1% der normalen Dosis bewirkt werden können. 2,4-D-Na verursachte nur Herabsetzung der Keimfähigkeit und Keimlingsanomalien, aber keine späteren Blattdeformationen.

11.2.2.5. Blatt- und Kohlgemüse

Die folgenden Ausführungen stützen sich im wesentlichen auf die sehr eingehenden Untersuchungen von WAY (1964a, b) über die Einflüsse von Wuchsstoffherbiziden auf verschiedene Gemüsearten.
Spinat ist relativ unempfindlich gegen MCPA. Applikationen von 0,3 kg/ha bewirken zwar schon schwere Anomalien, reichen aber nicht aus, um die Pflanzen zum Absterben zu bringen. Der Verlauf einer Schadbildentwicklung soll am Beispiel einer MCPA-Behandlung mit etwa 0,06 kg/ha in einem Stadium mit 8 Blättern, die größer als 1 cm sind, dargestellt werden.
Spätestens 24 Stunden nach der Behandlung sind die ersten Epinastien zu beobachten. 3 Wochen später haben die Pflanzen durch starke Seitensproßbildung ein buschiges Aussehen bei allgemein zurückgebliebener Entwicklung. Zentral bilden sich Tütenblätter. Nach 4 Wochen ist die Pflanze auseinandergefallen und zeigt typische Blattdeformationen mit reduzierten Spreiten an verlängerten Blattstielen. Die Blattoberfläche ist matt und rauh, das Gewebe brüchig und spröde.
Applikationen im Keimblattstadium halten die Entwicklung noch weiter zurück. Die Blätter bleiben klein, stehen aufrecht und können Spreitenreduktionen, pantoffelförmige Deformationen und Einrollungen zeigen. Ein zentrales Tütenblatt wird für den Habitus dominierend. Höhere Dosen verursachen zusätzlich geschwollene, weiße Blattstiele, Stengel und Hypokotyle, die mit Wucherungen, vor allem an der Basis, aufplatzen. Ihr Gewebe ist brüchig und steif. Die Zentralblätter sind verdreht und teilweise pantoffelförmig.
Die Stengelschwellungen setzen sich auch in den oberen Teil der Hauptwurzel fort. Die Seitenwurzeln sind gestaucht und an der Basis angeschwollen. Bei Keimlingen bilden sich verbänderte Seitenwurzelplatten aus. Mit Ertragsminderungen muß durch die Wachstumsdepressionen gerechnet werden.
Für Salat ist bei Behandlung mit MCPA im Jungpflanzenstadium nach den zuerst auftretenden Epinastien die Bildung einer Zone von zungenförmigen Blättern typisch. Nur kleine Blätter erscheinen pantoffelförmig, andere sind steifwüchsig. Es bildet sich oft ein zentrales Tütenblatt. Die deformierten Blätter sind meist bläulichgrün und haben gewellte, höckerige und gefurchte Spreiten bei oft lederiger Textur. Nach Applikation höherer Dosen (0,1 kg/ha) fallen die Pflanzen

Abb. 16. Tütenblätter und Blattdeformationen bei Spinat als Wuchsstoffherbizid-Schaden. (Foto: Helmecke)

auseinander; dabei können sich Adventivwurzeln an Stengeln und Blattstielen bilden.

Bei etwas älteren Pflanzen ist die Neigung zu schnellen epinastischen Reaktionen größer als bei Jungpflanzen. Höhere Konzentrationen führen zu Chlorosen und Wachstumshemmungen. Dabei treten schwere Wurzelanomalien (Wucherungen von gestauchten „Seitenwurzeln") auf. Die in ähnlicher Weise wie bei den Jungpflanzen deformierten Blätter bilden später die äußeren Teile des Kopfes und sind dann von diesem ohne Beschädigungen des Kopfes nicht abzulösen.

Bei Pflanzen, deren Kopf schon mehr oder weniger weit entwickelt ist, kommen Anomalien kaum noch vor. Diese beschränken sich auf die Bildung zungenförmiger Blätter und Texturveränderungen. Wenn zum Applikationszeitpunkt die Kopfentwicklung sich noch im Anfangsstadium befindet, kann durch kegeligen Wuchs und zungenförmige Blätter der Marktwert vermindert werden. Es wurde ferner beobachtet, daß Salat unter Einfluß von Wuchsstoffherbiziden schon im ersten Jahr zu schossen beginnt (Schwär, Wissel und Otto 1966).

Abb. 17. Blattstielverwachsungen, zungen- und pantoffelförmige Blätter sowie Blattstielepinastien bei Salat durch Wuchsstoffherbizid-Einwirkung.
(Foto: Herterich)

Abb. 18. Wuchsstoffgeschädigter Salat (Spätschaden) im Feldbestand.
(Foto: Pritsche)

Die Kohlarten reagieren auf MCPA- und 2,4-D-Einwirkungen unterschiedlich. Am empfindlichsten ist Blumenkohl.

Im allgemeinen setzen 1 bis 2 Tage nach der Applikation Epinastien ein, die in schweren Fällen so weit gehen können, daß die Spitzen der äußeren Blätter den Boden berühren und die Pflanzen auseinanderfallen. Die Blätter des Rosenkohls sind wenig empfindlich, sie reagieren nur mit reversiblen leichten Verdrehungen und geringen Spreitenreduktionen des Neuwuchses. Bei den anderen Kohlarten sind die epinastischen Verformungen irreversibel.

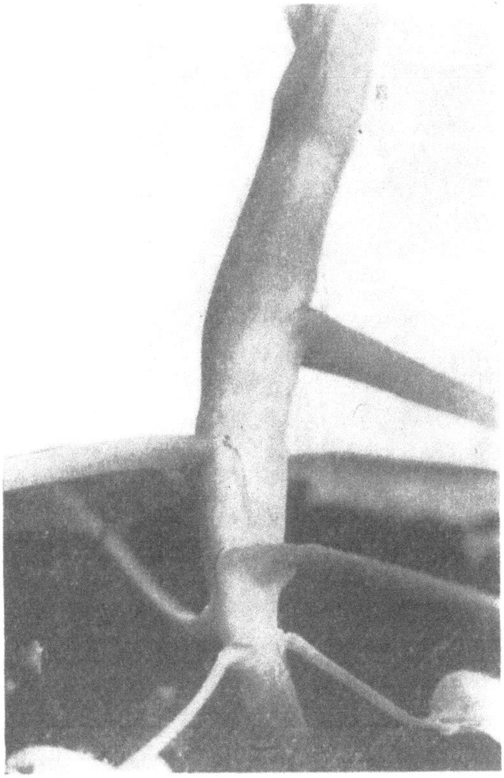

Abb. 19a.

Die Zentralblätter bleiben bei Weißkohl kleiner und sind oft parallelnervig. Ähnlich ist das Schadbild beim Blumenkohl, doch treten zusätzlich Einwärtsrollungen und stärkere Sägungen der Blattränder auf, viele Blätter erscheinen becherförmig. Blatteinrollungen zeigen auch die Deckblätter des Blumenkohls, die oft groß ausgebildet werden und dunkler grün wirken.

Während bei Weißkohl und Rosenkohl meist mehr oder weniger normale Apikalblätter ausgebildet werden, leidet der Sproßvegetationspunkt des Blumenkohls wesentlich stärker. Er schwillt anomal an und liefert schmale, dornartige Apikalblätter. Die Blume des Blumenkohls bleibt klein, locker und braunfleckig. Weißkohl bildet je nach angewandter Dosis keine oder nur lockere Köpfe aus.

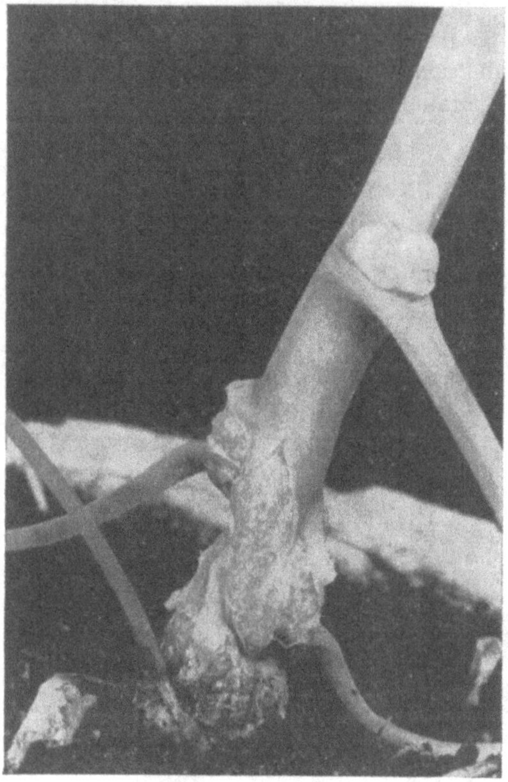

Abb. 19b.

Die Sprosse können durch Gallen- und Tumorbildungen schwer geschädigt werden. Schon nach Anwendung geringer Dosen schwellen sie stark an. Unter der aufreißenden Epidermis erscheinen, symmetrisch um den Stengel angeordnet, massige Wucherungen aus gestauchten und verknoteten Adventivwurzeln. In schweren Fällen führen diese Gallen zu Stengelzerreißungen und Leitbündelschäden. Unter diesen Gallenbildungen leidet vor allem der Rosenkohl (siehe auch KÜHNEL 1957). Bei Weiß- und Blumenkohl überwiegt, entsprechend ihrer geringen Wuchshöhe, die Adventivwurzelbildung. Dabei entstehen vor allem an der Bodenoberfläche Stengelgallen, die außen mit kurzen faserigen Adventivwurzeln bedeckt sind.
Die durch Wuchsstoffherbizid-Einwirkung verursachten Gallen sind durch ihre faserige Struktur von den durch *Agrobacterium tumefaciens* hervorgerufenen Kro-

nengallen, die annähernd rund sind und aus weißem festem Gewebe bestehen, zu unterscheiden. Außerdem sind die Wuchsstoffgallen nur unwesentlich vom Stengel differenziert.

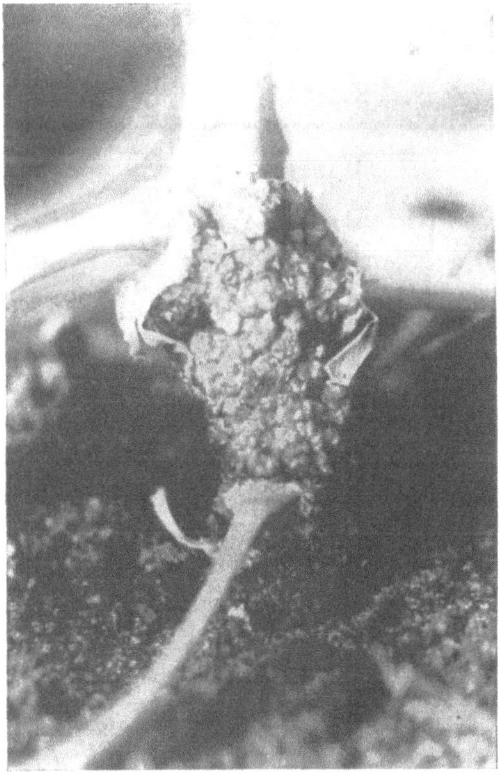

Abb. 19c.

Abb. 19a, b und c. Durch Wuchsstoffherbizide verursachte Sproßschäden bei Blumenkohl infolge massiger Wucherungen gestauchter und verknoteter Adventivwurzeln. Die einzelnen Bilder zeigen verschiedene Stadien vom Anschwellen bis zur Zerstörung des Stengelgewebes.
(Fotos: Schwartz)

Gewebewucherungen können auch an unterirdischen Teilen von Kohlpflanzen entstehen. So kommen Hypokotylwucherungen bei Blumenkohl vor. Das Wurzelsystem des sehr empfindlichen Blumenkohls wird durch Wuchsstoffherbizideinwirkung besonders stark, in der Entwicklung gehemmt. Faserwurzeln werden nur wenig gebildet und die Seitenwurzeln sind meist verkümmert. Ähnliche Verkümmerungen, aber weniger stark, sind auch bei den anderen Kohlarten zu beobachten. Bei Weißkohl werden nach 2,4-D-Einwirkung Gallen an den Wurzeln gebildet.

Die an Kohlarten auftretenden Anomalien ähneln unter Umständen Krankheitsbildern, die z. B. bei Bor- und Molybdän-Mangel an Blumenkohl auftreten. Durch Beachtung aller in Frage kommenden typischen Merkmale für Wuchsstoffschäden können die jeweiligen Schadensursachen einwandfrei bestimmt werden. —

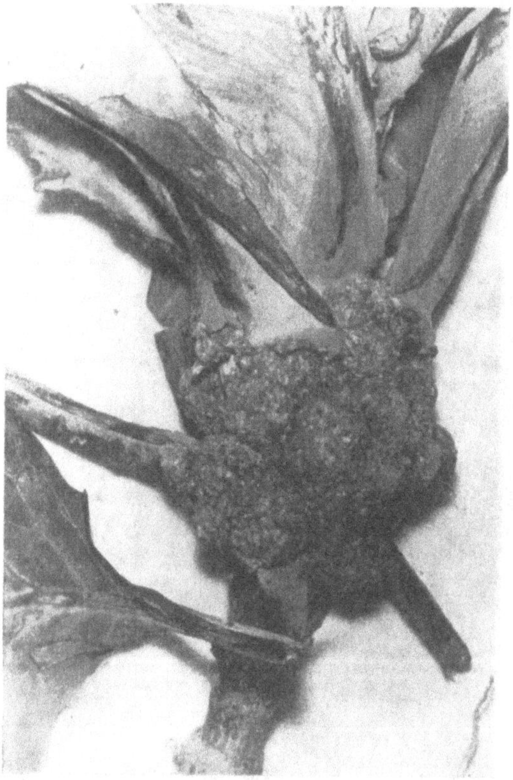

Abb. 20. Tumorartige Wucherungen an einem Rotkohlsproß als Folge einer Wuchsstoffherbizid-Einwirkung. (Foto: Schwartz)

Bei Salat und Weißkohl lassen sich einige für 2,4-D bzw. MCPA typische Anomalien feststellen. Spezifisch für die 2,4-D-Wirkung scheint bei Salat die Bildung pantoffelartiger Blätter bei Applikation in allen Wachstumsstadien zu sein. MCPA ruft dagegen nur bei sehr jungen Pflanzen diese Mißbildungen hervor. Weißkohl bildet becherförmige Blätter nur unter 2,4-D-Einfluß aus, nach MCPA-Einwirkung werden sie nicht beobachtet.

11.2.2.6. Wurzelgemüse

Möhren reagieren schon auf geringe Mengen von MCPA mit Epinastien der Blattstiele und Blattrollungen (Way 1963b). Kontaminierte Kulturen zeigen bleiches und flachliegendes Laub. Krümmungen und Verdrehungen, Verbänderungen und tubuläre Blattstiele stellen sich nach stärkerer Einwirkung ein. Ein typisches Symptom ist die „Farnblättrigkeit", die durch starke Flächenreduktionen von Fiedern bei gleichbleibender Länge gekennzeichnet ist.
Der Wurzelkörper kann oberflächlich durch Wucherungen pustelig und schorfig rauh sein. Junge Wurzeln zeigen Verkrümmungen und Verdrehungen. Höhere Konzentrationen bewirken besonders auf leichten Böden Aufplatzen der Wurzelkörper und bieten auf diese Weise Möglichkeiten für Infektionen. Durch diese Schäden wird der Marktwert herabgesetzt, obwohl bei Geschmackstests weder auf die Textur noch auf den Geschmack negative Auswirkungen beobachtet werden konnten.

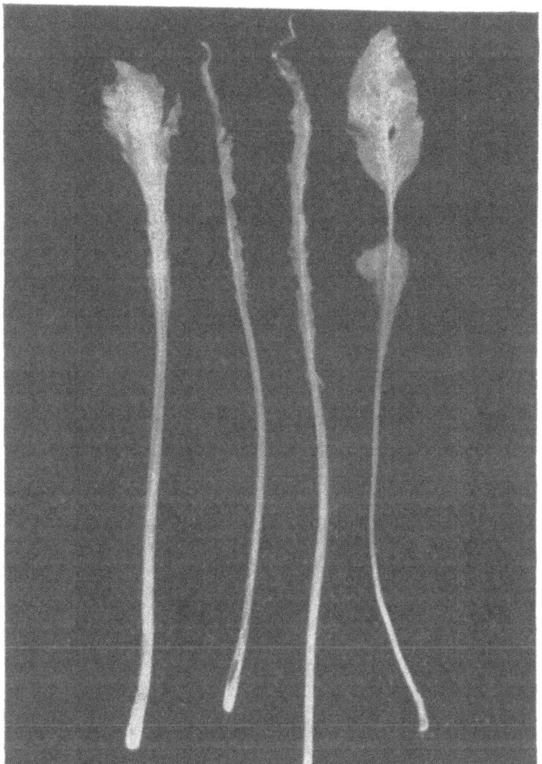

Abb. 21. Blattspreitenreduktionen bei Meerrettich (Wuchsstoffherbizid-Schaden). (Foto: Helmecke)

Die Seitenwurzeln, die normalerweise faserig und weiß sind, erscheinen nach MCPA-Behandlung fahlgelb und grob mit verkümmerten, knotigen Sekundärwurzeln. Verbänderungen der Seitenwurzeln sind ebenfalls beobachtet worden. Die Basen der Seitenwurzeln sind meist knötchenartig, vergrößert und korkig. Die Basisvergrößerung ist bei niederen Dosen nur geringfügig, dafür erscheint das umgebende Gewebe lentizellenartig, aber abnormal dunkel oder bleich. Diese Symptome treten nicht nur nach Behandlung mit Phenoxyessigsäureverbindungen auf, sondern können auch nach Einwirkung von Phenoxybuttersäurederivaten festgestellt werden.
Am Wurzelkopf können sich bei Wuchsstoffherbizid-Einwirkung auf junge Pflanzen Wucherungen bilden. Bei älteren Pflanzen können statt dessen zusätzlich kleine Seitensprosse angelegt werden.
Kohl- und Futterrüben reagieren auf subletale MCPA-Behandlungen mit typischen Schwellungen der Blattstiele und Blattnerven. Die Blattnerven sind bleich und treten stark hervor. Daneben kommen auch Krümmungen und Verdrehungen der Blätter vor. An den Blattstielen sind häufig Wucherungen zu beobachten. Die sich neu entwickelnden Innenblätter bleiben klein und stehen steif aufrecht. Die Außenblätter liegen oft mit zurückgerollter Spreite flach auf der Erde.
Der Rübenkörper entwickelt sich nach Frühbehandlung sehr schlecht. Bei Aufwandmengen um 0,3 kg/ha bilden sich durch Aufspaltung der Wurzelvegetationspunkte nach 2 Monaten oft gespaltene Rüben. Spätere Anwendung bei einer Wurzelstärke von 1 cm bewirkt Schwellungen und Deformationen der Wurzeln, die sich später mit pusteligen Wucherungen und Rissen bedecken. Geringere Dosen (0,05 kg/ha) haben zwar keine Mißbildungen des Wurzelkörpers zur Folge, fördern aber sehr stark die Seitenwurzelbildung. Der Rübenkörper bildet besonders auf seiner Unterseite viele Faserwurzeln.
Durch die Deformationen verringert sich der Anteil der marktfähigen Rüben.

11.2.2.7. Fruchtgemüse

Gurken und Tomaten sind gegenüber Wuchsstoffherbiziden sehr empfindlich.
MCPA bewirkt bei Gurken etwa 7 bis 10 Tage nach dem Auftreten von Epinastien Blattrandeinrollungen (Kingham und Fletcher 1963). Diese sind in den meisten Fällen reversibel. Im Verlauf der Normalisierung bilden sich bläschenartige Aufwölbungen der Interkostalfelder, die irreversibel sind.
Schwere Epinastien können auch am Sproß auftreten. Höhere Dosen bewirken 14 Tage nach der Behandlung Gewebewucherungen, vor allem an den Knoten und dem Übergang zwischen Blattstiel und Blattspreite.
Wurzelschäden bestehen im allgemeinen in irregulärem Dickenwachstum und der Bildung gestauchter Seitenwurzeln.
Die Schäden an Tomaten sind ähnlich. Bei ihnen erhöht sich die Neigung zu Gewebewucherungen mit der Steigerung der applizierten 2,4-D-Dosis. Eine typische Blattdeformation, die neben Epinastien und Verdrehungen auftritt,

Abb. 22. Epinastische Sproßverkrümmungen bei Tomatenpflanzen (Wuchsstoffherbizidschaden). (Foto: Schwartz)

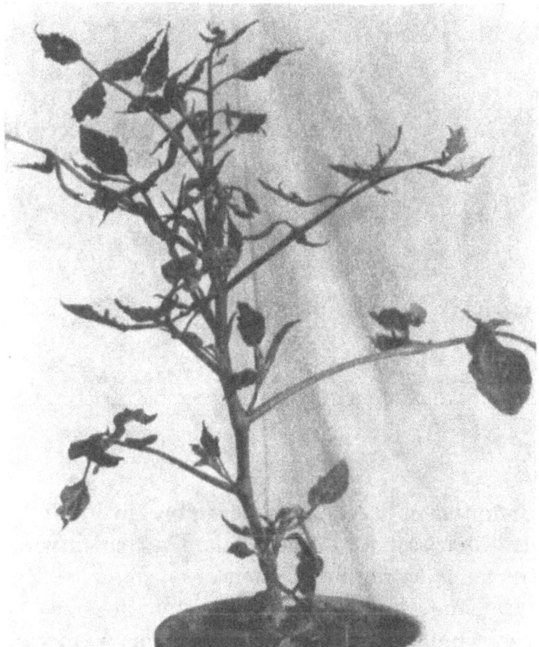

Abb. 23. Fiederblattspreitenreduktionen (Farnblättrigkeit) verschiedener Grade sowie Epinastien bei Tomate (Wuchsstoffherbizidschaden). (Foto: Herterich)

ist die Farnblättrigkeit, bei der die Fiederspreiten extrem reduziert sein können. Andererseits entstehen, wie bei der Kartoffel, geschlossene Blattflächen durch Verwachsen der Fiedern oder Verbreiterungen bzw. Flügelbildungen an der Mittelrippe.

11.2.2.8. Zwiebeln

Auf Grund der schweren Benetzbarkeit des Lauches sind Zwiebelpflanzen im allgemeinen gegen Wuchsstoffherbizide relativ wenig empfindlich. Enthält die Spritzbrühe aber ein Netzmittel, können erhebliche Schäden entstehen.
Einfache Laubschäden werden bald überwachsen. Dennoch können Zwiebeldeformationen auftreten, die zur Unverkäuflichkeit führen können.

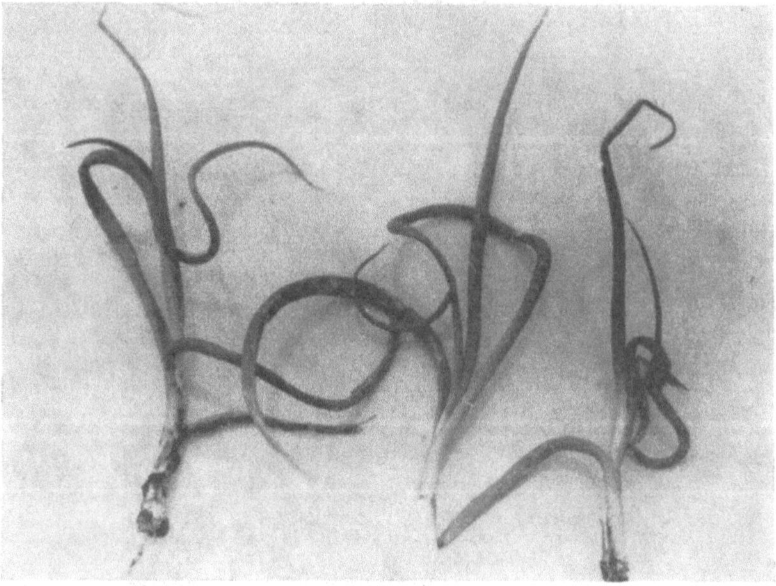

Abb. 24. Lauchverdrehungen und Zwiebelhals-Chlorosen bei Küchenzwiebeln als Folge von 2,4-D-Einwirkung. (Foto: Gerold)

Nach den ersten Symptomen, die im Flachlegen und in Verdrehungen des Lauchs bestehen, erscheinen Chlorosen am Zwiebelhals. Die sich entwickelnde Zwiebel erhält durch eine Streckung der normal flachen Zwiebelscheibe (Zwiebelkuchen) und wahrscheinlich durch interkalare Wachstumsvorgänge der jüngeren Blätter eine längliche Form, die oft eingeschnürt ist und eine Verdopplung des Zwiebelkörpers andeutet. Diese Anomalie ist irreversibel.
Bei MCPA-Einfluß im Stadium der sich entwickelnden Zwiebel (Zwiebeldurchmesser 0,5—1,5 cm) wird eine mehr eiförmige Ausbildung des Zwiebelkörpers

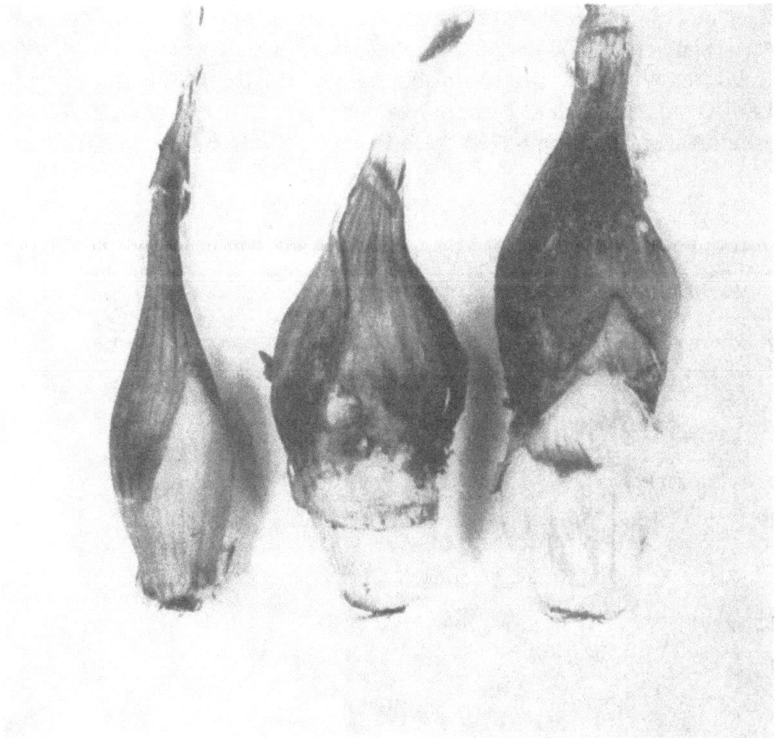

Abb. 25. Streckung der Zwiebelscheibe führt zu länglichen Formen des Zwiebelkörpers als Folge von Wuchsstoffherbizid-Einwirkung (MCPA). (Foto: Schwartz)

bewirkt. Die Wurzeln sind verbändert oder terminal angeschwollen. Der Zwiebelhals ist chlorotisch. — Spätschädigungen setzen das Zwiebelgewicht nicht mehr herab.

11.2.2.9. Obst und Weinreben

Weinreben und einige Obstarten sind gegen Phenoxyfettsäureverbindungen sehr empfindlich. Daher spielen bei diesen Kulturen Abdrift und Verdampfen von Wirkstoffen eine erhebliche Rolle als Schadensursachen. Dazu kommt das bei mehrjährigen Pflanzen besonders interessante Problem der Nachwirkungen und der Erholungsfähigkeit in den der Applikation folgenden Vegetationsperioden. Helm stellte 1964 die Schadbilder und vor allem die Folgeerscheinungen von schweren Abdriftschädigungen im Mai 1958 heraus. Als hoch wuchsstoffempfindlich erweisen sich danach neben Wein, Apfel und Birne sowie die Schwarze Johannisbeere. Weniger empfindlich sind Süß- und Sauerkirschen, Pflaumen, Pfirsische sowie die Rote und Weiße Johannisbeere. — Zwischen der Einwirkung der Wuchsstoffherbizide und dem Einsetzen der ersten Deformationen vergeht nur kurze Zeit. Blasse (1956) stellte bereits 2 Stunden nach einer Spritzung mit wuchsstoffverunreinigter Wofatox-Spritzbrühe Epinastien der Jungtriebe fest.

Das Laub von Apfel- und Birnbäumen wird stark verdreht. Die Blattspreiten können einwärts gekrümmt oder kahnförmig vom Rand her zusammengebogen

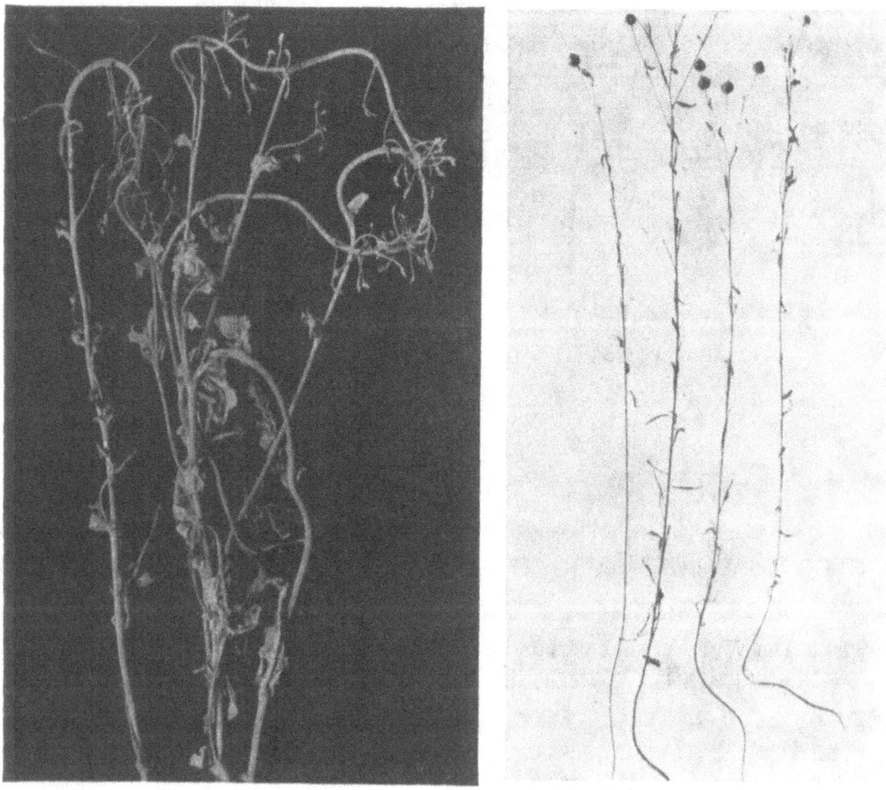

Abb. 26. Stengelverkrümmungen bei Lein und Raps als Folge der Abdrift von Wuchsstoffherbiziden. (Foto: Schwartz)

sein. Das Birnenlaub kann außerdem verbräunen. Nach Beobachtungen von Karnatz (1955, zit. Helm 1964) fallen derart geschädigte Blätter nicht ab.

Sind die Früchte zur Zeit der Wuchsstoffkontamination kirschkerngroß, entwickeln sie sich nicht weiter, sie werden schwarz und fallen später ab. Im Spätsommer erfolgt vereinzelter Neuaustrieb. Insgesamt aber stellt sich keine Erholung mehr ein, das Schadbild bleibt bis zum Abschluß der Vegetationsperiode etwa gleich.

Das unter der Rinde gebräunte Holz ist brüchig. Neuwuchs und vorjährige Triebe zeigen Auftreibungen durch stark vergrößerte Lentizellen.
Ähnlich verhalten sich auch die Schwarzen Johannisbeeren. Die Triebe verkrümmen sich und die verformten Blätter fallen vorzeitig ab. Ebenso werden die

Abb. 27. Blattanomalien bei Wein (Verlust der Stielbucht usw.) als Folge von Wuchsstoffherbizid-Einwirkung. (Foto: Helm)

verkümmerten Beeren abgestoßen. Im Hochsommer kann es unterhalb der schwarz gewordenen, verdorrten Spitzentriebe noch einmal zum Austrieb kommen.
Im folgenden Jahr wird der Austrieb verzögert. Ältere Bäume bleiben bis zu zwei Dritteln kahl und trocken und treiben unregelmäßig im Innern der Krone aus. Da keine Blütenknospen angelegt worden waren, blühen die Bäume nicht.
Im 2. Folgejahr zeigen sich die Bäume etwas besser erholt. Der Austrieb konzentriert sich auf die Zweigspitzen, so daß in den unteren Astpartien Verkahlungen auftreten. Eine normale Ernte wird auch in diesem Jahr nicht erreicht. Die stark

geschädigten Bäume sind auch im 3. und 4. Folgejahr durch ihren gestörten Wuchs zu erkennen.

Findet die Wuchstoff-Applikation zum Zeitpunkt der Blattdifferenzierung statt, ergeben sich im Folgejahr Blattdeformationen, die vom jeweiligen Entwicklungsstadium der in den Knospen angelegten Blätter abhängig sind (HANF 1957). Die ältesten Blätter erfahren kaum noch Veränderungen, die ihnen folgenden sind

Abb. 28. Trieb- und Blattstielverkrümmungen bei Birne als Folge einer Wuchsstoffherbizid-Abdrift. (Foto: Pritsche)

verkrümmt und stark verkleinert, während die zuletzt angelegten Blätter Spreitenreduktionen, verbunden mit einer ausgeprägten Blattrandzähnung, zeigen. Besonders vielgestaltige Blattanomalien sind je nach dem Entwicklungsstadium der betroffenen Blattanlage bei Weinreben zu beobachten. Fast alle diese Blattverbildungen haben den Verlust der Stielbucht gemeinsam. Dazu kommen starke Spreitenreduktionen und Kräuselungen. Die Weinblätter sind nicht mehr eindeutig zu identifizieren und ähneln u. a. Gingko- oder Sellerieblättern („Selleriekrank-

Abb. 29. Blattstielverkrümmungen und Blattrollungen bei Apfel als Folge einer Wuchsstoffherbizid-Abdrift. (Foto: Pritsche)

heit"). Ein ähnliches Schadbild wird von einer als „Reisig- oder Fransenkrankheit" bezeichneten Virose hervorgerufen.
Bei den weniger empfindlichen Obstarten treten auch Triebverkrümmungen und Blattanomalien auf. Diese Erscheinungen verwachsen sich aber nach wenigen Wochen und wirken sich nicht ertragsmindernd aus. Das gilt auch für Erdbeeren.

11.3. Phenolderivate

11.3.1. Allgemeines

Die Selektivität der stark ätzenden Phenolverbindungen beruht auf Unterschieden in der Wuchsform der Pflanzen und der Benetzbarkeit ihrer Organe. Diese Selektivität kann um so mehr verringert werden, je feiner die ausgebrachten Spritzbrühetröpfchen sind.
Ein Einfluß auf die Morphogenese der Pflanzen besteht praktisch nicht, da die Phenolverbindungen nicht direkt in Wachstumsvorgänge steuernd eingreifen, sondern die Übertragung der beim Atmungsprozeß freiwerdenden Elektronen auf den Energieüberträger ATP auskuppeln („uncoupling agents"). Auffällige Anomalien, wie bei der Anwendung von Phenoxyfettsäurederivaten sind also nicht

Abb. 30. Trieb-, Blattstiel- und Blattspreitenverkrümmungen bei Schwarzer Johannisbeere als Folge einer Wuchsstoffherbizid-Abdrift. (Foto: Pritsche)

zu erwarten. Da die Phenolderivate auch nicht in der Pflanze transportiert werden, beschränken sich die möglichen Schäden auf Kontaktnekrosen.
Für die phytotoxische Wirkung der Phenolderivate ist der Zustand der Blattkutikula und ihrer Wachsauflagerungen entscheidend. Nach längeren Perioden mit häufiger Niederschlagstätigkeit und hoher Luftfeuchtigkeit ist die Kutikula weniger stark ausgebildet als nach längerer Trockenheit. Ferner führen schnelles Wachstum bei warmen Wetter oder TCA-Einwirkung (s. d.) zu dünnen Auflagerungen. Durch das „weiche“ Laub wird die Kontaktwirkung der Phenolderivate begünstigt.
Nach Dewey et al. (1956, zit. Åberg 1964) nimmt die Empfindlichkeit von Erbsenpflanzen gegenüber Dinitrophenolen mit steigender Windstärke zu. Die dabei entstehenden Kutikulaschäden werden verstärkt, wenn Staub und Sand durch den Wind mitgeführt werden.
Trift DNOC auf Blüten, die sich gerade öffnen, kann es die Pollenkeimung und das Pollenschlauchwachstum hemmen bzw. die Narbe empfängnisunfähig machen.

Ältere Blüten sind weniger empfindlich (WATSON 1952, zit. ADDICOTT und CARNS 1964).

11.3.2. Spezielle Schadensbeschreibungen

11.3.2.1. Getreide

Die Phenolderivate DNOC, Dinoseb und Dinosebazetat werden vom Getreide gut vertragen. Leichte Schäden, wie Blattspitzennekrosen und anfängliche Wachstumshemmungen verwachsen im allgemeinen bald. Die Gründe für die geringe Empfindlichkeit gegenüber Phenolderivaten wurden bereits angedeutet. Sie liegen sowohl in der Reflektion der Spritzbrühetröpfchen durch den aufrechten Wuchs als auch in der geringen Benetzbarkeit der Halme.
Bei Winterroggen wurde eine Verlängerung der vegetativen Phase bei teilweise erhöhter Chlorophyllbildung beobachtet. Dieser verbesserten Ernährungssituation für die reproduktiven Organe wird eine Ertragssteigerung um 10% zugeschrieben (BRUINSMA 1962).

11.3.2.2. Kartoffeln

Nach Anwendung von Dinosebazetat können an den Knollen schorfartige Mißbildungen auftreten. Diese Beobachtung wurde auf einem Buntsandsteinboden gemacht (ROTH 1967).

11.3.2.3. Hülsenfrüchte

Die Reaktion von Hülsenfrüchten ist stark abhängig von der Ausbildung der Kutikula, auf deren Beeinflußbarkeit bereits eingegangen wurde. Verätzungen der Blätter, soweit sie nicht allzu schwer sind, verwachsen sich schnell. Neben Nekrosen können auch chlorotische Flecke auftreten. Bei Klee können sich die Blattnekrosen schwärzlich verfärben.
Unter den Dinoseb-Präparaten ist das Amin stärker phytotoxisch als das Ammoniumsalz. Es kann in ungünstigen Fällen zu Blattverlusten und zum gelegentlichen Absterben von Pflanzen führen. — Durch die Wuchsform der Leguminosen kann es, wie bei ähnlich gestalteten Pflanzen, zum Hängenbleiben von Spritzbrühetröpfchen in den Blattachseln kommen. Dadurch können Stengelschäden (Abknicken) entstehen, die durch Basalaustrieb wieder ausgeglichen werden. Dadurch entsteht ein buschiger Habitus. Neben Verätzungen werden auch Verdrehungen der Apikalknospen bei *Vicia faba* beobachtet. Ertragsdepressionen ergeben sich daraus jedoch nicht (ROBERTS und WILSON 1961).

11.3.2.4. Sonstige Kulturen

Gladiolen können auf Dinosebazetat-Behandlungen mit weißen Flecken unterschiedlicher Ausdehnung auf den Blättern reagieren. Die Entwicklung wird jedoch nicht nachteilig beeinflußt (LEIBER 1964).

Die Qualität von Faserlein (technische Stengellänge, Faserwerte) kann durch DNOC verringert werden, jedoch nicht in dem Maße wie durch MCPA (Feyerabend, Menzel und Wildner 1961).

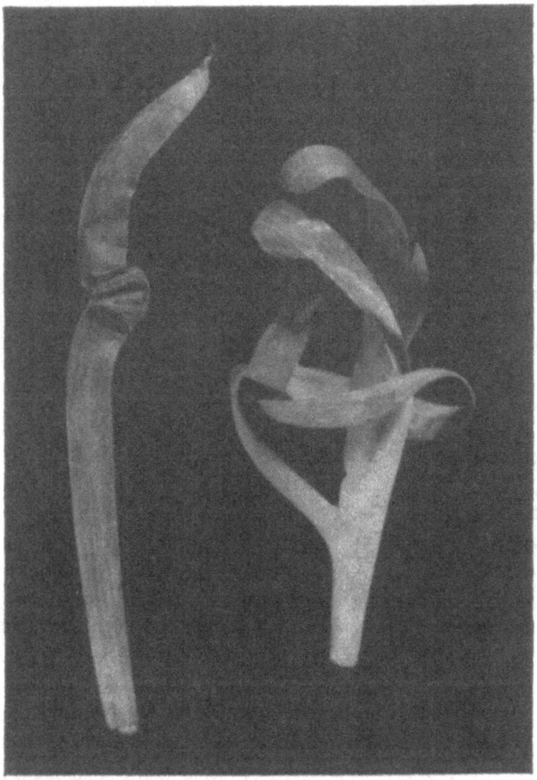

Abb. 31. Blattdeformationen bei Iris (Wuchsstoffherbizid-Abdrift). (Foto: Helmecke)

11.4. Triazinderivate

11.4.1. Allgemeines

Die Triazine hemmen die photochemische Aktivität der Chloroplasten. Die Hemmung der Hill-Reaktion (photolytische Spaltung des Wassers) schließt die für die CO_2-Fixierung (Zuckerbildung) wichtigen Reduktionsvorgänge ein, so daß primäre Zuckerverbindungen nicht gebildet werden können. Dementsprechend beeinflussen die Triazine das Wachstum nur indirekt über Stoffwechselstörungen, so daß Deformationen von Pflanzenteilen nicht zu erwarten sind.

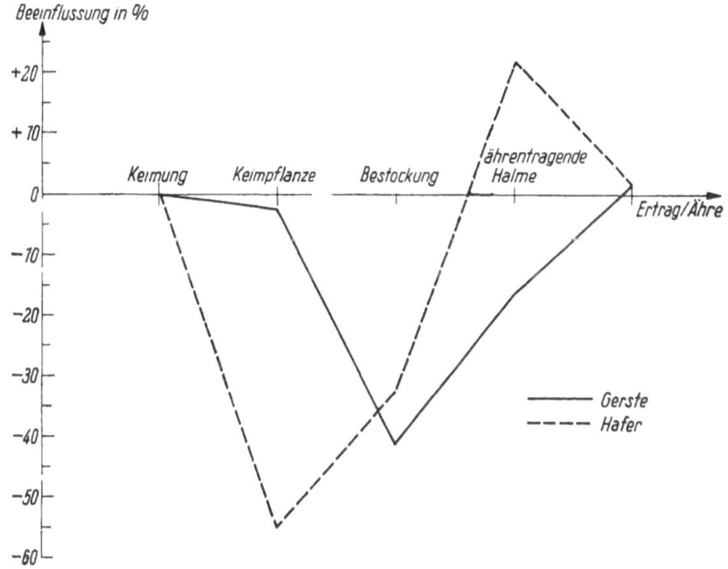

Abb. 32. Die Beeinflussung einiger Entwicklungsstadien von Gerste und Hafer durch Simazin (0,5 kg/ha). Nach H. G. BECKER, Der Einfluß vor der Aussaat in den Boden eingebrachter Triazine auf ertragsbildende Faktoren bei Sommergerste und Hafer — Nbl. dt. Pflanzenschutzdienst (Berlin) N. F. 20. (1966) S. 52–56

Meist zeigen sich die Störungen durch Triazinverbindungen durch Vergilbungen vom Blattrand her, die gegenüber dem noch grünen Gewebe scharf abgegrenzt sind. Die vergilbten Teile des Blattes können später welken bzw. nekrotisch werden. Dazu kommen Wachstumshemmungen. – Derartige Schadbilder verwachsen sich im allgemeinen nach 2 bis 3 Wochen. Ertragsminderungen sind selten. In schweren Fällen treten starke Nekrosen auf, nach denen die Blätter abgestoßen werden.

Bei Spätschäden werden die Blätter oft vor dem Vergilben dunkler grün.

Die Phytotoxizität der einzelnen Triazinderivate wird durch verschiedene Faktoren beeinflußt. Dazu gehört einerseits die mehr oder weniger ausgeprägte Toleranz der Pflanze, die physiologisch bedingt sein kann (Mais). Andererseits sind der Aufbau der wirksamen Verbindung und vor allem ihre Wasserlöslichkeit wesentlich. Leichter lösliche Triazinderivate können durch Einwaschung schneller an die Kulturpflanzenwurzeln gelangen (Desmetryn) und so toxischer wirken als schwerlösliche Verbindungen.

Triazine werden durch die Wurzel aufgenommen. Symmetrisch gebaute Triazine können auch Kutikula und Epidermis passieren. Sie bewegen sich in der Pflanze

mit dem Transpirationswasser und werden demzufolge in den oberirdischen Teilen der Pflanze wirksam.
Auf die Phytotoxizität der Triazine haben ferner die Bodenart und der pH-Wert des Bodens einen großen Einfluß. Dazu spielt die Nährstoffversorgung eine wichtige Rolle. Vojtechova (1968) beobachtete, daß durch Stickstoffdüngung gesteigertes Wachstum bei Gerste die Phytotoxizität von Atrazin erhöhte. Ein großer Teil der durch Triazine verursachten Schäden wird durch die Nachwirkungen dieser z. T. recht persistenten Wirkstoffe auf die Folgekulturen und durch Einwaschungen auf leichten Böden verursacht. Die Gefahr der Schädigung der Folgekultur ist besonders in Trockengebieten sehr stark. Simazin kann unter solchen Bedingungen mehrere Jahre persistent sein. Bei ausreichenden Niederschlägen dürfte auf mittleren Böden nach einem Jahr keine Gefahr mehr bestehen.
Im Zweifelsfalle hilft bei allen persistenten Bodenherbiziden ein einfacher orientierender Biotest Kulturpflanzenschäden zu vermeiden (siehe Anhang).

11.4.2. Spezielle Schadensbeschreibungen

11.4.2.1. Getreide

Der Mais ist ein typisches Beispiel für eine echte, physiologisch bedingte Toleranz durch Inaktivierung von herbiziden Wirkstoffen (Simazin und Atrazin) in der Pflanze. Diese Unempfindlichkeit betrifft aber nicht alle Triazine. Prometryn, das anstelle des Chlors eine Methylmerkaptogruppe besitzt, ist gegenüber Mais phytotoxisch.
Die Schäden, die an anderen Getreidearten entstehen können, sind meist auf Nachwirkungen von Simazin- bzw. Atrazinbehandlungen der Vorfrucht zurückzuführen. Sie brauchen nicht auf der gesamten Kulturfläche aufzutreten, sondern können sich auf Stellen beschränken, die im Vorjahr Überkonzentrationen erhalten hatten (Wendestellen, Überschneidungen der Spritzbänder usw.). Die Symptome bestehen in weißlichen Blattpartien, die sich von den grünen scharf absetzen und so sicher von Vergilbungen durch standörtliche Ursachen zu unterscheiden sind (Neururer 1961). — Simazin oder Atrazin können in schweren Fällen und bei Anwendung hoher Dosen zu Ertragsminderungen bei Weizen, Gerste und Hafer führen (Zemánek 1965, Gorochova und Afanašjeva 1969). Alkämper (1964) ermittelte bei einem Versuch in Winterweizen, daß durch 0,5 bis 1,25 kg/ha Atrazin Korn- und Stroherträge (Wuchsdepressionen) stark zurückgehen. Simazin wirkt ähnlich.
Von verschiedenen Beobachtern wurde eine Herabsetzung der Frostresistenz durch Simazin (Auswinterungsschäden) festgestellt.

Vor der Aussaat in den Boden gebrachtes Simazin (0,5 kg/ha) verursacht Auflaufschäden und vermindert bei Gerste und Hafer die Bestockung. Wenn auch bei Hafer von den verbliebenen Halmen mehr zur Rispenbildung kommen, überschreitet der Ertrag jedoch nicht 70% des Normalen. Atrazin wirkt schon bei halber Dosis in ähnlicher Weise (Becker 1966, Abb. 32).
Versuche mit stark erhöhten Dosen zeigen, daß die Schadsymptome nach 5 bis 7 Tagen auftreten. Sie erfassen, von den unteren Blättern ausgehend (Welken), innerhalb von 1 bis 2 Tagen die gesamte Pflanze bis zum Absterben. Hohe Beleuchtungsintensität erhöht die Phytotoxizität (Karim und Bradshaw 1968).
Simazin- und Atrazinschäden können auch im Verlauf der Vegetationsperiode, besonders nach starken Regenfällen, durch Einwaschung der Wirkstoffe in tiefere Bodenschichten auftreten. Während die Frühschäden durch Chlorosen bzw. Nekrosen der Blattränder und Blattspitzen gekennzeichnet sind, geht den Spätschäden eine dunkelgrüne Färbung der Weizenpflanze, die meist mit einer Verbreiterung der Blätter verbunden ist, voraus. Dieser Erscheinung können in schwereren Fällen Nekrosen oder Chlorosen folgen (Hafner 1963).
Wintergetreide ist gegenüber Simazin und Atrazin besonders empfindlich, wenn es durch Frost angehoben worden ist. Die Backqualität wird durch Simazin und Atrazin nicht beeinträchtigt (Buka und Vertij 1967).

11.4.2.2. Kartoffeln

Triazinschäden treten im allgemeinen nur nach Nachauflaufbehandlungen auf. Die ersten Schadsymptome werden am obersten Fiederblatt sichtbar und bestehen in einer zuerst von der Blattspitze und dem Blattrand ausgehenden Vergilbung, die bei Prometryn-Applikation (Uvon) auch die Blattnerven voll erfaßt. Die Blattspitze vertrocknet schließlich unter Einrollen. Schwer beeinträchtigte Blätter werden abgestoßen.
Derartig geschädigte Pflanzen erholen sich schnell. Spätestens nach 3 Wochen ist der Wachstumsschock überwunden. Ertragsminderungen sind nicht oder nur in unbedeutendem Maße zu erwarten (Schmidt 1967). Die erwähnten Erscheinungen können auch zeitweilig nach starken Niederschlägen während der Vegetationsperiode auftreten.
Kartoffeln, die als Nachfrucht nach simazinbehandeltem Mais gebaut werden, bleiben bei mittleren Böden und normalen Niederschlagsverhältnissen im allgemeinen ungeschädigt.
Atrazin scheint die Kochqualität und den Stärkeanteil, Prometryn und Simazin die Lagerfähigkeit negativ zu beeinflussen (Roth 1967).

11.4.2.3. *Beta*-Rüben

Als Folgekultur nach simazinbehandeltem Mais (2,5 kg/ha) können Zuckerrüben vor allem unter trockenen Klimabedingungen nachteilig reagieren. Sie sind in

dieser Hinsicht etwas empfindlicher als Kartoffeln. Atrazin wirkt dabei etwas stärker nach als Simazin (Zemánek 1965, Saghir und Choudhary 1967, Gorochova und Afanasjeva 1969).
Das Schadbild des Simazin-Einflusses weicht bei *Beta*-Rüben von den bisher beschriebenen Symptomen etwas ab. Bei älteren Pflanzen verfärben sich die Blätter zunächst dunkel- bis blaugrün. Danach treten graue bzw. aufgehellte Nekrosen auf, die die Interkostalfelder erfassen. Diese Flecke vertrocknen und fallen aus. Derartige Schäden treten zuerst an den älteren Blättern auf, sie sind hier auch am stärksten (Alkämper 1965).
Die Symptome treten innerhalb von 3 Wochen nach einer Applikation bzw. wenige Tage nach intensiven Niederschlägen auf herbiziedbehandelte Böden auf. Sie sind auf leichteren Böden am stärksten. Ferner spielt die Qualität der Pflanzung (Rübensamenträger) eine wichtige Rolle. Schräg oder zu hoch im Boden stehende Pflanzen werden am meisten geschädigt.
Normal entwickelte und gut ernährte Pflanzen erholen sich bald wieder. Nur schwächere Pflanzen werden dauernd gehemmt bzw. sterben ab. Bei Rübensamenträgern werden Saatgutertrag und -qualität nur durch hohe Simazin-Aufwandmengen (4—6 kg/ha, auf leichten Böden 1—1,2 kg/ha) beeinträchtigt. Maschinelles Hacken längs der Reihen erhöht die Phytotoxizität nicht (Feucht und Wiesner 1968).

11.4.2.4. Hülsenfrüchte

Leguminosen sind besonders gegenüber Atrazin empfindlich. Leichter Boden, flache Aussaat und Niederschläge während des Keimens und gleich nach dem Auflaufen fördern die Schadwirkung nach Vorauflaufbehandlung.
Bei *Vicia faba* bewirkt Simazin (1,5 kg/ha) z. T. erhebliche Battnekrosen mit Ertragsdepressionen. Propazin wirkt ähnlich, während Trietazin nur schwache marginale Blattnekrosen ohne Beeinflussung des Ertrages verursacht. Erbsen sind gegenüber Simazin etwas resistenter, können aber durch Atrazin geschädigt werden (Roberts und Wilson 1961, Müller 1967).

11.4.2.5. Blatt- und Kohlgemüse

Salat reagiert auf Triazinderivate sehr empfindlich. Daher ist er auch für Biotests zur Feststellung von Triazinrückständen im Boden gut geeignet.
Für eine Reihe von Kohlgemüsen ist Desmetryn (Topusyn) ein verträgliches Herbizid. Bei Nachauflaufbehandlungen ist allgemein im 4- bis 6-Blattstadium die Kutikula bzw. Wachsschicht der Blätter so weit ausgebildet, daß die Spritzbrühe ohne wesentliche Schäden vertragen wird. Gepflanzter Kohl ist empfindlicher als am Standort gesäter.
Erhöhte Aufwandmengen von Desmetryn bewirken je nach Dosis leichte Blattrandchlorosen, aber auch stärkere Nekrosen (Futterkohl, Schröder und Petter 1969). Bei Weiß- und Rotkohl können einige Tage nach der Anwendung, bei stär-

keren Regenfällen um den Behandlungstermin, Verätzungen der Außenblätter eintreten. Da diese später abfallen, tritt kein bleibender Schaden ein. Markstammkohl kann auch bei genauer Beachtung des Applikationstermins mit leichten Schädigungen reagieren, die aber bald verwachsen. Unzulässige Erhöhung der Aufwandmenge kann Schäden von leichten Blattrandvergilbungen bis zu stärkeren Nekrosen verursachen.

Abb. 33. Desmetrynschädigung der Außenblätter von Kohl mit den typischen Symptomen der Blattrandnekrosen und -einrollungen. (Foto: Gerold)

Winterwirsing reagiert auf Desmetryn mit Wuchsdepressionen und nicht einheitlich lokalisierbaren Blattvergilbungen. Er liefert bei der Ernte kleinere und weniger feste Köpfe. Sehr empfindlich reagieren Kohlrabi und Blumenkohl auf Desmetryn. Neben Vergilbungen, Nekrosen und Wuchsdepressionen wird die Anzahl der marktfähigen Blumen um ein Drittel gesenkt (Kampe 1967).

11.4.2.6. Sonstige Gemüse

Spargel verträgt im allgemeinen Simazin gut. Unter bestimmten Umständen werden aber auch bei Aufwandmengen von 4 kg/ha nach dem Stechen Schäden beobachtet, die in der Hauptsache im Laubfall des Krautes bestehen (Stettmeier 1958). Auf Atrazin reagiert Spargel wesentlich empfindlicher. Schon bei $^1/_{10}$ der normalen Aufwandmenge werden Schäden beobachtet (Orth 1967).

Abb. 34. Tomaten als Folgekultur auf simazinbehandeltem Boden mit typischen Schadsymptomen. (Foto: Schwartz)

Gurken sind sehr triazinempfindlich. Sie eignen sich daher als Testpflanzen für Rückstandsuntersuchungen.

11.4.2.7. Obst

Kernobst, besonders Apfelbäume sind bemerkenswert resistent gegen Simazin und Atrazin. In mehreren Untersuchungen wurde nachgewiesen, daß durch diese Triazinderivate eine Stimulation des Wachstums (Trieblänge, Stammumfang) und der Erträge erfolgt (Karnatz 1964, 1967). Die Bäume haben dunkler grünes Laub, auch die Früchte sind etwas größer aber schlechter ausgefärbt (‚Cox'). Blattanalysen lassen auf eine Erhöhung der Stickstoffaufnahme schließen.
Dennoch können Überdosierungen an Jungbäumen (Baumschule) Schäden verursachen. Besonders Steinobstarten (Pflaume, Aprikose, Pfirsich) sind simazinempfindlich. Die Symptome werden unterschiedlich beschrieben. Leichte Schäden deutet ein feiner gelber Blattrandsaum an. Bei schweren Beeinträchtigungen kann das ganze Blatt vergilben, wobei die Nerven am längsten grün bleiben. Schließlich können Nekrosen auftreten. Neben diesen Blattschäden werden bei jungen Pflaumenbäumen eine bedeutende Verringerung der Faserwurzelmenge

Abb. 35. Laubfall als Folge einer Atrazinanwendung bei Sauerkirschen. (Foto: Gerold)

Abb. 36. Simazinschaden bei Johannisbeere. (Foto: Schwartz)

und der Wurzelhaare sowie Anomalien der übrigen Wurzelteile beobachtet (Lange und Crane 1967, Krŭsteva 1967, 1968).

Prometryn verursacht Chlorosen, die auch die Blattnerven einschließen. Es wirkt auf Pflaume und Pfirsich noch stärker als Simazin, wird aber von Aprikose und Walnuß besser vertragen (Lange und Crane 1967).

Unter den Beerenobstarten ist die Schwarze Johannisbeere besonders gegen Atrazin empfindlich. Himbeeren vertragen diesen Wirkstoff auch nicht, reagieren aber nur mit zeitweiligen leichten Blattrandchlorosen bzw. -nekrosen (Robinson 1960). Erdbeeren sind ebenfalls gegen Atrazin sehr empfindlich. Simazin kann unter Umständen Mindererträge bewirken, obwohl keine Laubschädigungen erkennbar sind und das Wachstum scheinbar stimuliert wird (Orth 1967).

Abb. 37. Durch Prometryn geschädigte Primärblätter eines Buschbohnenkeimlings. (Foto: Gerold)

11.4.2.8. Sonstige Kulturen

Über die Empfindlichkeit von Zierpflanzen, insbesondere Stauden, werden in einigen Fällen widersprüchliche Angaben gemacht. Dies erklärt sich daraus, daß bisher nur ein kleiner Teil der in Frage kommenden Pflanzen geprüft worden ist.

Mehr oder weniger starke Schädigungen durch Simazin wurden bei folgenden Pflanzenarten festgestellt (lehmiger Sand bis Lehm, 3 kg/ha): *Alyssum argenteum*, *Antennaria dioica*, *Aquilegia* (alle Arten), *Arabis procurrens*, *Aster subcaeruleus* ‚Wartburgstern', *Chrysanthemum leucanthemum*, *C. roseum*, *Dahlia variabilis*,

Dicentra spectabilis, *Dryas octopetala*, *Festuca glauca*, *F. scoparia*, *Gaillardia aristata*, *Hesperis matronalis*, *Linum flavum*, *Papaver orientale*, *Sagina subulata*, *Sedum middendorfianum* (NÄSER 1963, zit. MÜLLER 1967).
Gladiolen reagieren auf Überdosis von Simazin (> 5 kg/ha) mit von der Spitze ausgehenden Weißfärbungen der äußeren Blätter (LEIBER 1964). Chrysanthemen sind prometrynempfindlich. – Unter den Ziergehölzen werden u. a. *Laburnum* und *Robinia* im Baumschulsaatbeet als sehr empfindlich gegen Simazin bezeichnet. Drei Wochen nach der Applikation zeigen sie Blattrandchlorosen und sterben z. T. später ab (FABER 1958).
Von Rosaceen wird Simazin im allgemeinen gut vertragen. Das betrifft jedoch nicht einige *Chaenomeles*-Arten, *Physocarpus opulifolius* und *Spiraea bumalda*. Dagegen sind die Saxifragaceen (*Deutzia gracilis*, *Ribes nigrum*, *R. sanguineum*), die Oleaceen (*Forsythia intermedia*, *Fraxinus aurea*, *Ligustrum ovalifolium*), die Betulaceen (*Betula pubescens*), die Tiliaceen (*Tilia cordata*, *T. platyphyllos*) sowie *Berberis thunbergii*, *Genista juncea*, und *Symphoricarpus racemosus* empfindlich.
Unter den Koniferen werden *Abies homolepis*, *Larix decidua*, *Picea abies*, *Pinus laricio corsicana* und *Pseudotsuga douglasii* als empfindlich gegen Simazin bezeichnet.
Bei *Erica gracilis* wurde beobachtet, daß Simazin (4 kg/ha) neben einer dunkleren Laubausfärbung eine Verschiebung des Blütetermins um 14 Tage bewirken kann (WÖSTMANN 1959).

11.5. Carbamate

11.5.1. Allgemeines

Die Carbamate sind in erster Linie Mitosegifte und stören ähnlich wie Kolchizin durch Inaktivierung der Kernspindel die normale Kernteilung. Nach der Kernteilung kann die Bildung einer Zellwand unterbleiben, wodurch hypertrophierte Zellen mit mehreren Zellkernen entstehen.
Nach Anwendung der Carbamate muß also mit Wuchsanomalien gerechnet werden, da sie einen direkten Einfluß auf die Meristeme ausüben. Solche Anomalien können neben Meristemschwellungen Sukkulenz, Verdrehungen, Blattkräuselungen, Wuchshemmungen und Verbildungen der Wurzelkörper sein. Da die Wirkung langsam einsetzt, vergeht bis zum Erscheinen der ersten Symptome einige Zeit.
Daneben wirken die Carbamate auf den Atmungsstoffwechsel (u. a. Dehydrogenasehemmung im Säurezyklus) und die Photosynthese (Hemmung der HILL-Reaktion) ein. So sind also chlorotische Erscheinungen, vor allem bei Behandlungen mit höheren Konzentrationen nicht ausgeschlossen. Für Bis-Carbamate (Phenmedipham) ist eine starke Hemmung der HILL-Reaktion typisch (TREBST, PISTORIUS, BOROSCHEWSKI und SCHULZ 1968, zit. ZWEEP und OORSCHOT 1970). Der Unterschied zur Wirkung der Phenoxyessigsäurederivate besteht u. a. darin, daß die

Carbamate keine Reaktivierungen von Dauergewebszellen zu Meristemen verursachen und daher z. B. massenhafte Adventivwurzelbildungen hier nicht vorkommen. Ferner wirken sie nicht direkt auf das Zellstreckungswachstum ein, so daß relativ kurzfristig erscheinende Epinastien nicht möglich sind.
Blattrandchlorosen oder Blattnekrosen ohne deutliche Wuchsanomalien nach Anwendung von Kombinationspräparaten (Kombinationen mit Harnstoffderivaten) sind meist auf die phytotoxische Wirkung der Harnstoffverbindungen zurückzuführen. Dabei muß berücksichtigt werden, daß in vielen Fällen additive Effekte auftreten.
Ein derartiges Beispiel beschreibt Hamann (1969b). Nach Behandlung mit Betanil (Propham + Proximpham + Diuron) und Betanil F (Propham + Proximpham + Fenuron) starben Rübenkeimlinge im Keimblattstadium oberirdisch ab, während Wurzel und Hypokotyl noch normal gefärbt und turgeszent waren.
Unerwartete Schäden können durch die Flüchtigkeit von Carbamaten entstehen. Chlorpropham verdampft schon bei 15 °C. Aukema (1958) beschrieb Schäden an Flachs durch Chlorprophamdämpfe von benachbarten Zwiebel- und Gladiolenkulturen. Ebenso können besonders auf sorptionsschwachen sowie zur Verkrustung neigenden Böden durch starke Regenfälle Schäden auftreten.

11.5.2. Spezielle Schadensbeschreibungen

11.5.2.1. Getreide

Hafer ist ziemlich empfindlich, während Weizen und Gerste Carbamatherbizide, wie Diallat, Triallat und Barban besser vertragen. Für die Phytotoxizität sind die Sorptionsfähigkeit des Bodens und der Zeitpunkt der Anwendung von Bedeutung. Nach Holmes und Pfeiffer (1962) soll auch die Temperatur zum Zeitpunkt des Spritzens wichtig für die Reaktion von Winterweizen sein.
Keimpflanzen zeigen gewöhnlich nach Einwirkung von Carbamatherbiziden als typisches Merkmal sukkulente Keimscheiden. Dazu kommen Verfärbungen (gelblich oder dunkel- bzw. blaugrün). Ist die Dosis letal, wird nach einer kurzfristig noch einmal eintretenden Wachstumsphase das Wachstum endgültig eingestellt. Die Blätter werden dunkler grün und in der Endphase spröde und zerbrechlich (Banting 1967).
Weiter entwickelte Pflanzen reagieren auf subletale Dosen durch korkenzieherartige Blattverdrehungen infolge Störung der Tätigkeit der Interkalarmeristeme.
Barban kann an Winterweizen bei Anwendung im Spätherbst und Winter ($>$ 0,3 kg/ha) Schäden verursachen. Innerhalb von 2–3 Wochen bleibt nach Beobachtungen von Holmes und Pfeiffer (1962) das Wachstum zurück, die Blätter bleichen etwas aus, wobei ältere Blätter orange bis hellgelb werden. Die Symptome verwachsen sich wieder und sind zur Zeit des Ährenschiebens fast nicht mehr

feststellbar. Böttner (1967) berichtet auch von Locker- und Taubährigkeit bei Weizen und Roggen.
Ein Einfluß auf die Backqualität ist nicht bekannt (Maes und Stryckers 1966).

11.5.2.2. *Beta*-Rüben

Carbamat-Herbizide, wie Diallate und Phenmedipham (Betanal) wirken im allgemeinen nicht so ungünstig, daß Ertragsminderungen eintreten könnten. Anfängliche Wuchsstörungen und Assimilationsminderungen werden bald ausgeglichen und sind belanglos. Für die Wirkung scheinen die Witterungsverhältnisse wichtig zu sein; höhere Temperaturen (trocken-warme Witterung) steigern offenbar die Phytotoxizität (Streudel und Jacob-Haupt 1965, Beutler und Fischer 1967).
Steudel und Jacob-Haupt beobachteten Blattmißbildungen bei jungen Rüben nach Anwendung von Diallate vor der Aussaat. Die Blätter waren dabei so verklebt, daß beim Versuch, sie voneinander zu lösen, die Epidermen beschädigt wurden. Durch Zusammenkrampfen der Blätter sahen die Pflanzen wie kleine Salat- oder Kohlköpfe aus. Nach Reihenschluß waren die Schäden, die nie bei mehr als 10% des Bestandes festgestellt wurden, verwachsen. Später gebildete Blätter entwickelten sich normal. Die Blattverklebungen lösten sich nach stärkeren Regenfällen selbst.

11.5.2.3. Gemüse

Salat ist gegen Chlorpropham empfindlich und reagiert bei Vorauflaufbehandlung mit Verkrümmungen des Vegetationspunktes. Schwerere Störungen werden durch die Nachauflaufanwendung verursacht.
Durch die oben beschriebenen Wurzelwachstumsschäden, die u. a. durch anomalen Zellteilungsrhythmus bewirkt werden, kommt es bei Möhren zu Verbildungen des Wurzelkörpers. Typisch sind die Einschnürungen der Möhren, die bis zu Bindfadenstärke gehen können.
Zwiebeln können durch Chlorprophameinwirkungen nach Niederschlägen oder durch Kontakt der Samen mit dem Wirkstoff (flache Saat, Bodenbearbeitung nach dem Spritzen) geschädigt werden. Ungleiches Auflaufen, schockartiger Wachstumsstillstand, Verdrehungen und Verkrümmungen des Laubes, das nekrotische Spitzen zeigen kann, sind die sichtbaren Zeichen einer Beeinflussung. Dazu kommen Stauchwuchs, Dickhalsbildung und Verbildungen des Zwiebelkörpers, wie Einschnürungen, blasige Schwellungen und Abplattungen. Häufig treiben die Zwiebeln schon im ersten Jahr durch (Orth 1962).
Gurken sind gegenüber Chlorpropham sehr empfindlich.

11.5.2.4. Obst

Chlorpropham verursacht bei jungen Himbeertrieben gestauchten Wuchs, Verdrehungen, Chlorosen und Runzligkeit des Laubes (Wood und Sutherland 1958, Pissareva 1959). Bei Erdbeeren ist die Anwendung nur im Herbst unproblematisch.

11.5.2.5. Zierpflanzen

Bei einer Reihe von Stauden werden durch Chlorpropham Wuchsdepressionen, Büschelwuchs und Blühverzögerungen verursacht (NÄSER 1965, zit. MÜLLER 1967). Es handelt sich dabei um *Aster ericoides*, *Aster alpinus* ,Triumph', *Chrysanthemum maximum*, *Delphinium* ,Völkerfrieden', *Doronicum*, *Gypsophila*, *Helenium* und *Lysimachia punctata*. Außerdem wird *Phlox* als Chlorpropham-empfindlich bezeichnet (FRYER und EVANS 1968). Ziergehölze reagieren in Baumschulsaatbeeten auf Chlorpropham mit Triebstauchungen und gehemmter Blattentwicklung. Daneben können Blattrandverfärbungen und Chlorosen auftreten. Als sehr empfindlich werden *Cornus* und *Rhamnus* bezeichnet, weniger empfindlich sollen *Fraxinus excelsior var. aurea*, *Rosa rugosa* und *Symphoricarpus racemosus* sein (FABER 1958).

11.6. Harnstoffderivate

11.6.1. Allgemeines

Die Symptome, die die Schädigungen durch Harnstoffderivate und Triazine kennzeichnen, sind schwer voneinander trennbar. Das scheint in einer gewissen Ähnlichkeit der Wirkungsweisen begründet zu sein. Monuron und Diuron sind starke Inhibitoren der HILL-Reaktion in der Photosynthese und der photosynthetischen Phosphorylierung. Daneben scheinen sie den Stickstoffwechsel (Eiweißsynthese) zu stören. Das Wachstum der Pflanzen wird durch Hemmungen der Vegetationspunkte, insbesondere der Spitzenmeristeme, beeinträchtigt.

Harnstoff-Derivate werden hauptsächlich durch die Wurzel aufgenommen und verteilen sich schnell in der Pflanze.

Die Symptome des Monuron- bzw. Diuron-Einflusses bestehen in Wachstumshemmungen und Verfärbungen, die meist von den Blattspitzen und den Blatträndern ausgehen. Ein Unterschied zu den Triazin-Symptomen könnten die auch innerhalb der Blattfläche auftretenden unregelmäßigen, interkostalen Chlorosen bzw. Adernaufhellungen sein. In der Praxis dürfte es jedoch sehr schwer sein, die Harnstoffsymptome von denen der Triazine zu trennen. — Von der Applikation bis zum Erscheinen der ersten Symptome kann längere Zeit vergehen. Erfahrungsgemäß verwachsen sich leichtere Schäden bis zum Ende der Vegetationsperiode.

Monuron und Diuron sind noch persistenter als Simazin. Daher sind bei empfindlichen Folgekulturen, besonders durch Einwaschung auf leichten Böden immer Schäden zu befürchten. Im übrigen gilt für den Einfluß der Umweltfaktoren sinngemäß auch das, was bei den Triazinen festgestellt wurde.

Nach Beobachtungen von HORNIG und FRANZ (1969) scheinen niedere Temperaturen in den ersten 10 Tagen nach der Anwendung von Metobromuron das Auftreten von Wuchsdepressionen und Blattverfärbungen bei Buschbohnen zu fördern.

11.6.2. Spezielle Schadensbeschreibungen

11.6.2.1. Getreide

Monolinuron wirkt auf Wintergetreide ungünstiger als auf Sommergetreide. Kabiersch (1967) beobachtete, daß Winterroggen, der 5 Monate nach Anwendung der überhöhten Aufwandmenge von 5 kg/ha in Kartoffeln auf sandigem Lehm gesät wurde, einen durch Fehlstellen um 70% geminderten Bestand zeigte. — Bei Sommergetreide können trotz erheblicher Anfangsschäden bedeutende Erholungseffekte beobachtet werden. Sommerweizen zeigt zwar bei Vorauflaufanwendung von Monolinuron (1,0—1,5 kg/ha) Auslichtungen und Nekrosen der Keimpflanzen, erholt sich aber bis Ende Juni vollkommen. Nach Applikation im 2-Blattstadium ist die Regeneration der Schäden unbefriedigend.
In der Folge einer Nachauflaufbehandlung in Hafer (0,5—1,0 kg/ha, 3.—6. Blatt) war der Bestand nach einem Monat stark vergilbt und scheinbar absterbend. Trotzdem war das Getreide Ende Juli völlig ausgewachsen und brachte einen Ertrag von 42 dt/ha (Heichler 1965).
Veränderungen der Backqualität werden durch Harnstoffderivate (Linuron, Diuron) nicht bewirkt (Maes und Stryckers 1966).

11.6.2.2. Kartoffeln

Schädigungen treten im allgemeinen nur in der Folge von Nachauflaufbehandlungen auf. Metobromuron bewirkt Vergilbungen, die von der Blattspitze und vom oberen Blattrand ausgehen. Die Spitze rollt sich ein und stirbt später ab. Typisch ist, daß bei fortschreitender Vergilbung die Blattnerven und das sie umgebende Gewebe länger grün bleiben. Ferner entstehen weiter im Innern des Blattes zusätzliche Flecken und Aufhellungen. Zwei bis drei Wochen später sind die Schädigungen überwunden. Verglichen mit dem Triazinderivat Prometryn scheint Metobromuron eine schnellere Regeneration zu bewirken. Es wurden auch reversible Vergilbungen beobachtet (Holly 1962, Schmidt 1967). Roth (1967) beobachtete schorfartige Schäden an Knollen durch Linuron und Monolinuron auf einem Buntsandsteinverwitterungsboden. Linuron soll auch die Kochqualität der Speisekartoffeln nachteilig beeinflussen.

11.6.2.3. Hülsenfrüchte

Während des Auflaufens können sich nach dem Durchstoßen der mit Metobromuron angereicherten oberen Bodenschicht an Buschbohnenkeimlingen Nekrosen zeigen. Die später gebildeten Blätter entwickeln sich jedoch normal.
Die Symptome nach Metobromuron-Behandlung bei älteren Pflanzen bestehen in leichten bis starken Wuchsdepressionen und Blattverfärbungen sowie Nekrosen an Blättern und Stengeln. In weniger schweren Fällen kann Erholung eintreten, jedoch sind unter ungünstigen Bedingungen (starke Niederschläge, flache Saat, hohe Aufwandmenge, empfindliche Sorte) Totalschäden möglich (Hornig 1968).
Diuron und besonders Fenuron verursachten bei *Vicia faba* Blattrandnekrosen,

die sich vor allem bei jungen Pflanzen entwickelten (ROBERTS und WILSON 1961). ORTH (1967) beobachtete nach Metobromuron- und Monolinuron-Anwendung in Buschbohnen Adernaufhellungen. Bei Buschbohnen bestehen große Sortenunterschiede in der Empfindlichkeit gegenüber Metobromuron und anderen Harnstoffderivaten.

11.6.2.4. Obst

LIEBSTER (1959) beschrieb einen Monuron-Schaden bei Apfel als eine vom Blattrand ausgehende, sich zwischen den Nerven ausbreitende Chlorose. Die interkostale Fleckung trat im Folgejahr noch einmal auf.

Abweichend von dem beschriebenen Schadbild gaben LANGE und CRANE (1967) nach Diuron-Schädigung Chlorosen an, die bei den Nerven beginnen und von dort in das Blatt auswandern, bis das Blatt völlig vergilbt ist und nekrotisch wird. Dies würde den bei Buschbohnen beobachteten Adernaufhellungen entsprechen.

Bei Schwarzen Johannisbeeren wurden vom Blattrand ausgehende Vergilbungen beobachtet. Den chlorotischen Erscheinungen folgen Nekrosen, Absterben der Blätter und der Triebe (HOLLOWAY 1960). Weinreben sind gegenüber Diuron sehr empfindlich.

Im allgemeinen wirkt Monuron stärker phytotoxisch als Diuron. Eine dem Simazin ähnliche Verträglichkeit bzw. stimulierende Wirkung auf Kernobstgehölze wurde bei Monuron und Diuron nicht beobachtet.

11.7. Chlorierte aliphatische Karbonsäuren

11.7.1. Allgemeines

Die chlorierten aliphatischen Karbonsäuren und ihre Derivate (TCA, Dalapon, Chloralhydrat) können eine Pflanze in zweifacher Hinsicht schädigen. Erstens stören sie die Ausbildung der Wachsstrukturen auf der Kutikula. Die Folge sind eine höhere Benetzbarkeit und Durchlässigkeit der Blattoberfläche. Dadurch können bei späterer Behandlung mit Phenolderivaten, Wuchsstoffherbiziden und anderen Wirkstoffen erhebliche Schäden entstehen.

Zweitens bewirken sie Stoffwechselstörungen. Der Mechanismus ihrer Schadwirkung ist nicht ganz eindeutig. Die durch die Wurzel aufgenommenen Wirkstoffmoleküle können sowohl im Xylem aufwärts als auch im Phloem abwärts wandern, wobei das aus lebenden Zellen bestehende Phloem nicht geschädigt zu werden scheint. Diese Wanderung kann sich wiederholen. Da TCA und Dalapon proteinfällende Agentien sind, kann angenommen werden, daß lokale Akkumulationen zur Denaturierung von Proteinen und Fermenten führen. Die dabei entstehenden Abbauprodukte könnten, soweit sie nicht von der Pflanze entgiftet werden, schließlich die eigentliche toxische Wirkung hervorrufen (VAN OVERBEEK 1964). Außerdem wurde beobachtet, daß Dalapon die Biosynthese von Panthothensäure, einer für Stoffwechsel und Wachstum wichtigen Substanz, hemmt. Eine weitere Schädigungsmöglichkeit beschreibt GÄRTEL (1963) bei Wein (siehe S. 145).

Die durch TCA, Dalapon, TCP und Trichlorazetaldehydhydrat bewirkten Schadbilder sind relativ unspezifisch. Blattrandvergilbungen und -nekrosen, dunkelgrüne Färbung der Blätter, Wachstumshemmungen der Sprosse und Deformationen, die den Wuchsstoffschäden teilweise ähneln (Blattverschmälerungen, gekrümmte und tubuläre Blätter) können beobachtet werden. Die Deformationen beschränken sich auf die oberirdischen Teile der Pflanze.
Im allgemeinen vergeht zwischen Applikation und Ausbildung der Schadsymptome längere Zeit. Da die chlorierten Karbonsäuren im Pflanzengewebe (Samen) sehr persistent sind, können auch in der folgenden Generation Schäden auftreten.

11.7.2. Spezielle Schadensbeschreibungen

11.7.2.1. Getreide

Schäden an Getreide können u. a. entstehen, wenn es einer Kultur folgt, die mit TCA oder Dalapon behandelt wurde. Weizen scheint die empfindlichste Getreideart zu sein, während Roggen offenbar am widerstandsfähigsten ist.
BEINHAUER (1958) beobachtete auf schweren Lehm- und Tonböden (Schweden), daß durch TCA-Rückstände im Boden zwar die Keimung nicht gehemmt wird, daß aber die folgenden Blätter durch die feste, lederartige Koleoptile nur seitlich oder überhaupt nicht durchstoßen können. Dalapon wirkt weniger stark, so daß sich die Pflanzen etwas weiter entwickeln. Die Blätter bleiben aber dunkel-

Abb. 38. Blattspreitendeformationen und -kräuselungen bei einer Kartoffelpflanze durch Chloralhydrat (Voraussaat-Herbizid Bi 3411). (Foto: Gerold)

grün und sind gewellt oder gerollt. Insgesamt stagniert das Wachstum. Schließlich bilden sich Nekrosen, die von der Blattspitze ausgehen.

11.7.2.2. Kartoffeln

Überdosierungen, Nichtbeachten der zwischen Applikation und Pflanzung vorgeschriebenen Karenzzeiten sowie ungünstige Witterungsverhältnisse (längere Trockenheit nach der Anwendung) können zu Schäden an Kartoffeln führen.
Typisch ist auch hier das Zurückbleiben des Wachstums der oberirdischen Organe. An den Blatträndern können sich Nekrosen bilden. Das Laub kann auch leicht dunkelgrün verfärbt sein. Nach TCA- und Chloralhydrat-Anwendung werden ferner Blattspreitendeformationen und -kräuselungen beobachtet. Bei schwerer Beeinträchtigung können Auflaufschäden, schwere Wachstumshemmungen (schwächliche Stengel) und schließlich Totalausfall eintreten. Besonders gefährdet sind Kulturen auf schweren und sehr leichten Böden. Staudenertrag und Stärkegehalt der Knollen nehmen mit steigender Aufwandmenge und späterem Anwendungstermin ab (Beinhauer 1958, Krüger 1964, Hamann 1969a).
Schalenfarbe und -beschaffenheit sowie die Kochqualität können durch Dalapon beeinträchtigt werden (Roth 1967).

11.7.2.3. *Beta*-Rüben

Kurth und Streuber (1967) berichten über Entwicklungshemmungen bei Nachauflaufanwendung von TCP in Zuckerrüben (10 kg/ha). Dabei treten auch Blattdeformationen, wie Verzähnungen und löffelförmige Verbildungen mit Anthozyanfärbungen auf. Die Ertragsminderungen an Blättern und Rüben sind gering. Andere Beobachter berichten von braunen Blattrandnekrosen und Blatteinrollungen nach TCA-Anwendung (Ellern und Marani 1964). Auch nach Chloralhydrat-Anwendung können Blattdeformationen auftreten.
Vojevodin und Popova (1965) stellten fest, daß triploide Zuckerrüben gegen Dalapon resistenter sind als diploide und tetraploide.

11.7.2.4. Hülsenfrüchte

Bei Erbsen, die sehr empfindlich sind, wurden nach TCA-Einfluß Verbrennungen der unteren Blätter und leichter Büschelwuchs beobachtet (Reynolds 1960).

11.7.2.5. Gemüse

Bei Spargel traten in einem Fall nach TCA-Anwendung (50 kg/ha) im Sommer in den beiden darauffolgenden Jahren Ernteminderungen auf. Die Pflanzen zeigten gestauchte, zypressenartige Triebe, die auffallend dunkelgrün waren (Kabiersch 1967).

11.7.2.6. Obst und Weinreben

An Apfel- und Kirschbäumen wurden nach Behandlungen mit Dalapon (10 bis 20 kg/ha) schwere Blattchlorosen und Triebstauchungen beobachtet. Es können auch Blattrandnekrosen auftreten, die zum Blattinnern hin von einem chloro-

tischen Saum umgeben sind. Die Schäden können zu vorzeitigem Laub- und Fruchtfall führen. (LOEWEL und MOHS 1958, LANGE und CRANE 1967).
Ähnliche Erscheinungen zeigen sich bei Himbeeren nach TCA-Anwendung, wobei nach höheren Dosen auch schwere Blattverdrehungen auftreten (WOOD und SUTHERLAND 1958).
An Weinblättern stellte GÄRTEL (1963) als Folge von TCA- und Dalapon-Anwendung Vergilbungen und Nekrosen der Blattzähne fest, die später auf die ganze Spreite übergriffen. Durch Ausbrechen des toten Gewebes erhielt das Weinblatt einen abgerundeten Umriß, dazu kamen Einreißen und Rollungen der Blattränder. Interessant ist die Feststellung, daß durch Guttation auf den Blattzähnen angereichertes Dalapon verätzend wirken konnte. Dementsprechend traten Schäden vorwiegend zwischen Ende Mai und Ende Juni (warmer Boden, kühlere Luft) auf.
Weitere Schäden an Weinreben waren vertrocknete Triebspitzen und Ranken. Da Dalapon wahrscheinlich mit dem Narbensekret ausgeschieden wird, wurden die in den Trauben zahlreich auftretenden kleinen und kernlosen Beeren mit Befruchtungsstörungen durch den Herbizideinfluß erklärt.

11.7.2.7. Zierpflanzen

Im Blumenzwiebelanbau können u. a. durch Überdosierung von Dalapon (über 4 kg/ha) Blüteverzögerungen um 15–18 Monate verursacht werden (FRYER und EVANS 1968).

11.8. Aminotriazol

Aminotriazol kann über Blatt und Wurzel aufgenommen werden, ist in der Pflanze leicht beweglich und greift in mehrere Stoffwechselvorgänge störend ein. Hemmungen der Purinsynthese können zu Wachstumsdepressionen führen. Auffällig sind die Chlorophyllschäden, die besonders an jungen, aber auch an älteren Blättern auftreten.
Blätter, die nach der Anwendung von Aminotriazol gebildet werden, können völlig chlorophyllfrei sein. Bei geringeren Dosen bleiben die Nerven junger Blätter noch grün. Gleichzeitig mit den totalen Chlorosen treten Rötungen auf. Dieses Schadbild kann bei allen Kulturpflanzen beobachtet werden. – Daneben wird das Wurzelwachstum gehemmt. Die Wurzelhaare erscheinen verdickt und verkürzt (COUNTS 1961, zit. GORTER und VAN DER ZWEEP 1964).
Gut mit Phosphor versorgte Pflanzen scheinen auf Aminotriazol empfindlicher zu reagieren (Weizen, Sojabohnen; SELMAN und UPCHURCH 1961, zit. ÅBERG 1964).
Obstgehölze sind gegen Aminotriazol empfindlich, wenn das Laub vom Wirkstoff getroffen wird. Über Rindenschäden kann das Herbizid eindringen und, vor allem bei jungen Bäumen, schwere Chlorosen hervorrufen.
Zu beachten ist, daß Aminotriazol in Kombinationen sehr stark synergistisch wirkt.

11.9. Dipyridilium-Verbindungen

Durch Elektronenaufnahme aus dem Photosyntheseprozeß werden Dipyridiliumverbindungen (Diquat-Dibromid und Paraquat-Dichlorid) in der Pflanze zu stabilen freien Radikalen reduziert. Diese können in der Folge Desorganisationen makromolekularer Strukturen (Proteine, Zellwände) bewirken. Dadurch wird dem Zellsaft der Austritt aus den Zellen in die Interzellularen ermöglicht, was zum Austrocknen der Gewebe führt. Die phytotoxische Wirkung ist also an eine funktionierende Photosynthese gebunden, sie erstreckt sich dementsprechend nur auf oberirdische, assimilierende Organe. Blockierung des Elektronenflusses durch Harnstoffderivate, wie Monuron, kann die Wirkung der genannten Dipyridiliumverbindungen abschwächen oder verhindern. – Schäden an Pflanzen treten auf, sobald grüne Pflanzenteile vom Wirkstoff getroffen werden. Bei geringen subletalen Dosen (Abdrift) können Welkeerscheinungen an Blättern und Blattstielen auftreten, die schnell, oft schon 12–24 Stunden nach der Applikation, wieder verschwinden. Bei stärkeren Wirkstoffeinflüssen kommt es zum irreversiblen Vertrocknen von Blatteilen oder ganzen Blättern.
Gehölzen bietet die Borke gewöhnlich Schutz vor dem Eindringen der Wirkstoffe. Gefährdet sind jedoch junge, bis etwa 4 Jahre alte Bäume, bei denen die z. T. noch chlorophyllhaltige Rinde nicht von Dipyridilium-Herbiziden getroffen werden darf. GODDRIE (1968) berichtet über Schäden an Baumschulgehölzen durch Paraquatdichlorid im Sommer. Die Blätter werden nekrotisch (rotbraune Färbung) und sterben ab. Ferner verholzt der Neuwuchs nur ungenügend und erscheint gummiartig. Dieses Symptom kann oft auch im folgenden Jahr noch beobachtet werden. Behandlungen vor Beginn und nach Beendigung der Vegetationsperiode haben auch bei Benetzung der Gehölze keine Folgen.
Die Verwendung von Diquat-Dibromid zur Krautabtötung bei Kartoffeln hat zu der Fragestellung geführt, wie weit dadurch Schäden und Qualitätsbeeinträchtigungen an den Knollen eintreten können. Da die Wirksamkeit des Wirkstoffes sich auf assimilierende, also oberirdische Organe beschränkt, ist eine Schädigung nur unter ungünstigen Wasserhaushaltsbedingungen, die einen Transport der aktiven Substanz in die unterirdischen Sproßteile wahrscheinlich machen, möglich. HEADFORD und DOUGLAS (1967) beschrieben eine derartige Situation, bei der sich um den Ansatzpunkt der Stolone an der Knolle Nekrosen bildeten. Diese Schäden scheinen durch längere Trockenperioden vor der Behandlung (Welkeerscheinungen) bei verminderter Lichtintensität und hoher Luftfeuchtigkeit nach der Behandlung begünstigt zu werden. Dazu kommen schlechte Bodenwasserretention und verfrühte Anwendung des Mittels in einem Stadium, in dem das Laub schon zu altern beginnt, aber die Leitbahnen voll funktionsfähig sind und die Knollen noch wachsen. Ähnliche Beobachtungen wurden auch nach Anwendung von Natriumchlorat gemacht.

11.10. Benzoesäurederivate

Durch 2,3,6-TBA werden Symptome hervorgerufen, die denen der Phenoxyessigsäurederivat-Wirkung ähneln. 2,3,6-TBA fördert die Zellstreckung und bewirkt außerdem Störungen der Tropismen. In niederen bis mittleren Konzentrationsbereichen sind die Symptome nicht von denen der Phenoxyessigsäurederivate zu trennen. Allgemein verursacht 2,3,6-TBA geringere Epinastien und weniger Sproß- und Wurzelanomalien. Dafür sind die Blattdeformationen stärker ausgeprägt.
Sie erscheinen als Blattrollungen oder Aufbiegungen der Blattränder zu becher- oder pantoffelförmigen Formen. Ebenso sind tubuläre Blätter möglich. Typisch sind auch Blattspreitenreduktionen mit langen, fein ausgezogenen Spitzen (Tomate). Die Deformationen betreffen vorwiegend die inneren, jungen Blätter. Da 2,3,6-TBA in der Pflanze persistenter ist als die Phenoxyfettsäurederivate, dauert die Erholungsphase wesentlich länger als bei diesen (KINGHAM und FLETCHER 1963).
Leguminosen zeigten nach starkem 2,3,6-TBA-Einfluß schwere Wachstumsreduktionen, Sproß- und Infloreszenzverdrehungen. Blattstielschwellungen und Stengelwucherungen sind möglich (WAY 1964b). Nach weniger starken Dosen Mediben traten bei Gartenbohnen trotz normalen Auflaufens und unbeeinträchtigter Ausbildung der Primärblätter, an den folgenden Blättern Deformationen auf (ORTH 1965).
Derivate der Benzoesäure, wie Dicamba und Amiben wirken stark toxisch auf Mandel-, Aprikosen-, Pflaumen-, Kirschen-, Birnen- und Walnußsämlinge (LANGE und CRANE 1967).

11.11. Picloram

Die Symptome, die an empfindlichen Kulturpflanzen nach Anwendung von Picloram entstehen, ähneln sehr stark den Schadbildern nach Einwirkung von Phenoxyessigsäurederivaten. Ein typisches Wirkungsmoment ist die Steigerung der meristematischen Aktivität des Prokambiums. Ganze Leitbündel können dabei meristematisch werden. Von den stärksten Beeinträchtigungen werden demzufolge die Stengel betroffen.
Winterweizen ist am wenigsten empfindlich, wenn die Ähre 1 cm herausgeschoben ist. Applikationen in sehr frühem Stadium führen zu Sproßverkürzungen und Niederlegen der Pflanzen. Nach Anwendung bei Erscheinen des 1. Knotens sind zunächst keine Wachstumsmodifikationen zu sehen. Bei der Reife sind jedoch sterile Ährchen und Sproßverkürzungen festzustellen. Mit Sproßverkürzungen muß auch bei späteren Anwendungen noch gerechnet werden. Insgesamt kann Picloram bei Berücksichtigung des Anwendungstermins gegenüber Weizen, Hafer, Gerste und Mais als verträglich bezeichnet werden (VERNIÉ, LHOSTE und CASANOVA 1966, ŠČEGLOV u. a. 1967). Picloram hat einen starken negativen Einfluß

auf die Backqualität und den Eiweißgehalt von Weizen. (MAES und STRYCKERS 1966).

Sehr empfindlich reagieren Bohne, Sojabohne und Erbse auf Picloram. FISHER, BAYER und WEIER (1968) versuchten experimentell die Entwicklung des Schadbildes bei *Phaseolus vulgaris* zu demonstrieren. Bereits 2 Stunden nach der Applikation (Auftropfen der Wirkstofflösung auf ein Blatt, 72—7,2 γ/Pflanze) begannen sich die dem Applikationsort benachbarten Internodien zu krümmen. Das Wachstum der Spitzenvegetationspunkte wurde blockiert. Nach einem Tag waren die Stengel angeschwollen und verdreht, mit Rissen und weißen Beulen. Zwei Wochen später bildeten sich im apikalen Bereich tumorartige Wucherungen. Bei geringen Mengen entstanden Blattkräuselungen und etwas schwächere Stengelverbildungen. Ähnlich wie bei den Phenoxyessigsäurederivaten werden die Schwellungen des Stengels durch Massen von Adventivwurzeln gebildet, die schließlich Rindengewebe und Leitbündel zerreißen. Die schwersten Schäden werden bei jungen Pflanzen beobachtet.

Über die Wirkung von Picloram auf Tomaten und Gurken wird von FLETCHER (1968) berichtet. Tomaten sind hoch empfindlich. Applikation von 12 γ/Pflanze wirkt letal während 0,24 γ/Pflanze gestauchtes Wachstum und schwere Sproßverdrehungen bewirkt. Nach der Applikation gebildete Fiederblättchen zeigen extreme Reduktionen der Spreiten mit breitem Hauptnerv und rechtwinklig abstehenden Seitennerven. Schwächere Dosen bewirken Verkrümmungen der Blattspreiten und Unterdrückung der Blattspitzenbildung.

Bei Gurken wirken 12 γ/Pflanze noch subletal und verursachen Stengelverdrehungen und Epinastien der Blätter. Die Blattstiele sind verdreht und oft vertikal abgeflacht mit oberseitiger tiefer Rinne. Die Blätter haben eingerollte Ränder und wirken kahn- oder löffelförmig. Am 1. und 2. Knoten kann starke Tendenz zur Adventivwurzelbildung beobachtet werden. Nach 3 Wochen haben sich die Blattspreiten entspannt, nicht aber die Blattränder, so daß das für Picloram typische Symptom der haubenförmigem Blätter entsteht.

Obstgehölze sind gegenüber Picloram ebenfalls empfindlich. Hohe Konzentrationen verursachen Verbrennungen. Nach geringeren Dosen treten Verkrümmungen und Verdrehungen der Blätter auf, wobei sich die Ränder nach innen verbiegen (LANGE und CRANE 1967).

12. Anhang

1. Bio-Tests zur Feststellung von Herbizidrückständen im Boden

Durch Aussaat von empfindlichen Indikatorpflanzen auf Bodenproben kann man sich einfach Gewißheit über die im Boden enthaltenden Herbizid-Rückstände verschaffen.
Die folgende Tabelle gibt in Anlehnung an das British Weed Control Handbook (1968, Bd. I, S. 160) einige Hinweise auf geeignete Indikatorpflanzen und die möglichen Schadsymptome. Dabei sind die Symptome in der Reihenfolge steigenden Schädigungsgrades geordnet. Sie können in der Tabelle nur angedeutet werden, spezielle Hinweise sind den jeweiligen Schadensbeschreibungen zu entnehmen.

Tabelle 47
Bio-Tests zur Feststellung von Herbizidrückständen

Herbizide	Indikatorpflanzen	Symptome
Phenoxyfettsäurederivate, 2,3,6-TBA, Picloram u. a. Herbizide mit Wuchsstoffwirkung	Buschbohnen, Gurken, Tomate, Gartenkresse, Weißer Senf	Blattspreitenreduktionen, Anomalien der Blattnervatur, Hemmungen des Sproßwachstums, Sprödigkeit und Brüchigkeit der Gewebe, Auflaufhemmung
Triazine, Harnstoffderivate, Urazile, Pyrazon	Hafer, Futterrübe, Salat, Gurken	Wachstumshemmung, Chlorosen, Nekrosen, Absterben der Blätter
Carbamate, Amide, Aniline, bodenwirksame Benzonitrile	Hafer, Raygras	Wachstumshemmung, oft dunkelgrüne Färbung, Verringerung der Blattzahl, Auflaufhemmung
TCA, Dalapon	Hafer, Weizen, Roggentrespe, Raygras	Sproßwachstumshemmung, Chlorosen
Aminotriazol	Salat	Fortschreitende Chlorose bis zu chlorophyllfreien rosa-weißen Blättern und späterem Absterben der Blätter

2. Übersichten zur Schadwirkung von Herbiziden auf Kulturpflanzen

Zur Groborientierung wird versucht, unter starker Verallgemeinerung der bisher an Kulturpflanzen beobachteten Schadsymptome, einen Bestimmungsschlüssel in Form von Schemata zu geben. Damit können die für einen Schaden verantwortlichen Wirkstoffe oder Wirkstoffgruppen annähernd ermittelt werden. Die Besonderheiten, die bei den einzelnen Kulturpflanzen auftreten, müssen dabei vernachlässigt werden, sie können bei den speziellen Schadensbeschreibungen nachgeschlagen werden.

Übersicht 1

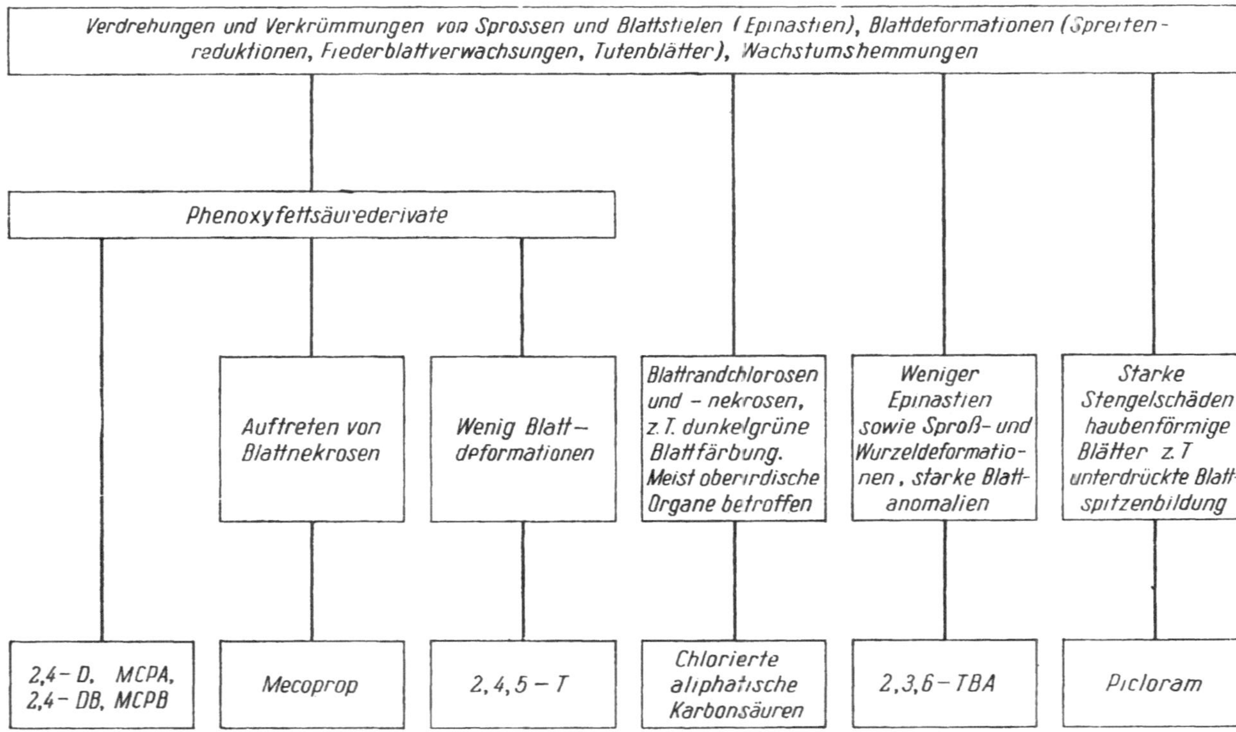

Verdrehungen und Verkrümmungen von Sprossen und Blattstielen (Epinastien), Blattdeformationen (Spreitenreduktionen, Fiederblattverwachsungen, Tutenblätter), Wachstumshemmungen
Phenoxyfettsäurederivate
Auftreten von Blattnekrosen
Wenig Blattdeformationen
Blattrandchlorosen und -nekrosen, z. T. dunkelgrüne Blattfärbung. Meist oberirdische Organe betroffen
Weniger Epinastien sowie Sproß- und Wurzeldeformationen, starke Blattanomalien
Starke Stengelschäden haubenförmige Blätter z. T unterdrückte Blattspitzenbildung
2,4-D, MCPA, 2,4-DB, MCPB
Mecoprop
2,4,5-T
Chlorierte aliphatische Karbonsäuren
2,3,6-TBA
Picloram

Übersicht 2

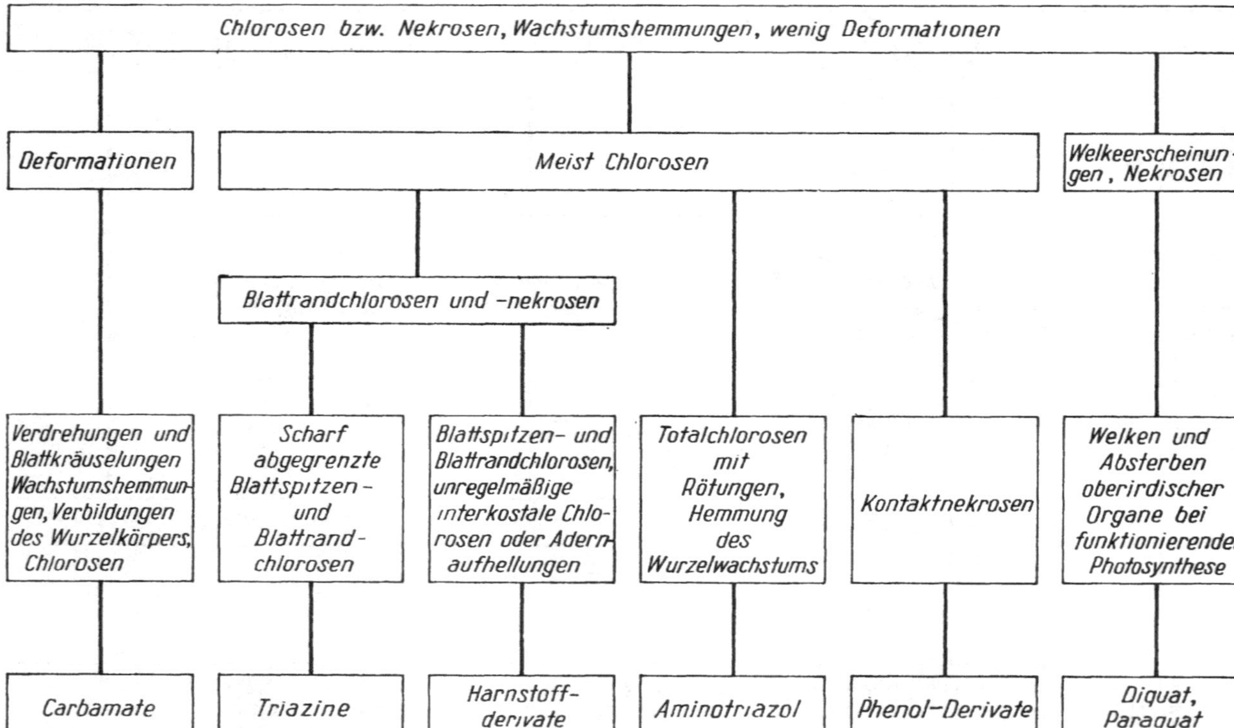
Chlorosen bzw. Nekrosen, Wachstumshemmungen, wenig Deformationen
Deformationen
Meist Chlorosen
Welkeerscheinungen, Nekrosen
Blattrandchlorosen und -nekrosen
Verdrehungen und Blattkräuselungen Wachstumshemmungen, Verbildungen des Wurzelkörpers, Chlorosen
Scharf abgegrenzte Blattspitzen- und Blattrandchlorosen
Blattspitzen- und Blattrandchlorosen, unregelmäßige interkostale Chlorosen oder Adernaufhellungen
Totalchlorosen mit Rötungen, Hemmung des Wurzelwachstums
Kontaktnekrosen
Welken und Absterben oberirdischer Organe bei funktionierender Photosynthese
Carbamate
Triazine
Harnstoffderivate
Aminotriazol
Phenol-Derivate
Diquat, Paraquat

3. Versicherungsschutz

Anordnung

über die Bedingungen für die freiwilligen Versicherungen der sozialistischen Betriebe der Landwirtschaft, Nahrungsgüterwirtschaft und Forstwirtschaft bei der Staatlichen Versicherung **vom 22. Mai 1968:**

Auf Grund des § 5 der Verordnung vom 25. April 1968 über die Versicherung der sozialistischen Betriebe der Landwirtschaft, Nahrungsgüterwirtschaft und Forstwirtschaft sowie über die Tierseuchen- und Schlachttierversicherung der Tierhalter wird im Einvernehmen mit den Leitern der zuständigen staatlichen Organe folgendes angeordnet:

§ 1 Beantragung und Umfang des Versicherungsschutzes

1. Den Betrieben der Landwirtschaft, Nahrungsgüterwirtschaft und Forstwirtschaft (nachstehende Betriebe genannt) wird auf Antrag von der Staatlichen Versicherung der DDR (nachstehend Staatliche Versicherung) gemäß § 4 der Verordnung vom 25. April 1968 auf der Grundlage vertraglicher Beziehungen Versicherungsschutz für unvorhersehbare Schadenereignisse gewährt.

2. Der Versicherungsschutz der

- freiwilligen Gruppen-Unfallversicherung der Mitglieder und Beschäftigten landwirtschaftlicher und gärtnerischer Produktionsgenossenschaften sowie zwischengenossenschaftlicher Einrichtungen — Anlage 1 —
- freiwilligen Haftpflichtversicherung — Anlage 2 —
- freiwilligen Versicherung der Kraftfahrzeuge — Anlage 3 —
- freiwilligen Versicherung von Grundmitteln mit einem Nettowert unter 40% — Anlage 4 —
- freiwilligen Transportversicherung — Anlage 5 —
- freiwilligen Versicherung von Tieren — Anlage 6 —
- freiwilligen Versicherung gegen Schäden an Bodenerzeugnissen durch Pflanzenschutzmittel — Anlage 7 —
- freiwilligen Versicherung von Obst, Obstbäumen und Beerensträuchern — Anlage 8 —
- freiwilligen Versicherung von Freilandgurken — Anlage 9 —
- freiwilligen Versicherung von Tabak — Anlage 10 —
- freiwilligen Versicherung gegen Schäden durch Nematoden an Pflanzkartoffeln — Anlage 11 —

der Betriebe richtet sich nach den Bedingungen gemäß den Anlagen 1—11. Die Betriebe können auch andere freiwillige Versicherungen abschließen.

3. Die Staatliche Versicherung kann Anträge auf Versicherungsschutz ablehnen, wenn sich die zu versichernden Sachen in einem solchen Zustand befinden, der den Eintritt eines Schadens erheblich begünstigt oder der Abschluß einer Versicherung den Grundsätzen ökonomischer Wirtschaftsführung widerspricht. Die Ablehnung ist schriftlich zu begründen.

§ 2 **Beginn und Ende des Versicherungsschutzes.**

Der Beginn und das Ende des Versicherungsschutzes regeln sich nach den vertraglichen Vereinbarungen.

§ 3 **Beitrag**

1. Die Staatliche Versicherung berechnet den Beitrag für das Kalenderjahr nach den bestätigten Beitragssätzen. Die Betriebe haben den Beitrag in Höhe von 50% nach Aufforderung bis spätestens 1. April und den Rest in Höhe von 50% bis 1. Oktober des laufenden Jahres an die Staatliche Versicherung zu entrichten.
2. Wird der Versicherungsschutz nicht ab Beginn des Kalenderjahres beantragt, so wird der Beitrag anteilig vom Zeitpunkt der Antragstellung an berechnet. Für die Versicherung der Bodenerzeugnisse wird unabhängig vom Zeitpunkt der Antragstellung grundsätzlich der Jahresbeitrag berechnet.
3. Werden die Beiträge nicht bis zu den in Absatz 1 genannten Terminen entrichtet, ist die Staatliche Versicherung berechtigt, Verzugszinsen in Höhe von 5% jährlich zu fordern.
4. Die Staatliche Versicherung ist berechtigt, die von den Betrieben zur Beitragsberechnung gemachten Angaben durch Einsicht in die entsprechenden Unterlagen zu prüfen.

§ 4 **Verhaltens- und Anzeigepflicht**

1. Die Betriebe sind verpflichtet:
   a) die Gesundheits-, Arbeits- und Brandschutzbestimmungen sowie die sonstigen Ordnungs- und Sicherheitsbestimmungen einzuhalten und alles zu tun, daß Schadenfälle vermieden werden,
   b) alle ihnen zumutbaren Maßnahmen zu ergreifen, um den Umfang des Schadens zu mindern, den Tatbestand zu klären und die Auflagen und Hinweise der staatlichen Organe und der Staatlichen Versicherung zu befolgen,
   c) der Staatlichen Versicherung über alle mit dem Schadenfall zusammenhängenden Fragen wahrheitsgemäß Auskunft zu geben und Einsicht in die Unterlagen zu gewähren, soweit dies für die Feststellung der Schadenursache oder des Schadenumfanges von Bedeutung ist,
   d) die Bestimmungen zum Schutze der Kultur- und Nutzpflanzen einzuhalten und eine ordnungsgemäße termingerechte Bekämpfung von tierischen und pflanzlichen Schädlingen und Krankheiten durchzuführen sowie die Hinweise und Warnungen der Pflanzenschutzämter zu beachten,
   f) bei Eintritt eines Schadens bis zu dessen Besichtigung durch die Staatliche Versicherung nur solche Veränderungen vorzunehmen, die in gesellschaftlichem Interesse oder nach den Regeln einer ordnungsgemäßen Wirtschaftsführung nicht aufgeschoben werden können. Bei Schäden an Bodenerzeugnissen muß an jeder Ecke und in der Mitte der beschädigten Nutzfläche ein Probestück von je 50 m² so gelassen werden, wie es vom Schaden betroffen worden ist. Bei Tabak, Hopfen und Obst sind 5% der Bestände, und zwar

verteilt auf die Enden, die Ecken und die Mitte des Feldes, des Gartens, der Plantage oder der Allee, ungepflückt stehen zu lassen. Von einem Schaden betroffene Nutzflächen dürfen ohne Kenntnis der Staatlichen Versicherung nicht umgebrochen werden.

2. Die Betriebe sind nach Eintritt eines versicherten Schadens außerdem verpflichtet, Schäden unverzüglich der Staatlichen Versicherung zu melden und die erforderlichen Unterlagen einzureichen. Das gilt auch bei allen gerichtlichen und ähnlichen Maßnahmen, die gegen die Betriebe aus Anlaß des Schadens eingeleitet werden.
3. In den Versicherungsbedingungen oder durch vertragliche Vereinbarungen können weitere Verhaltens- und Anzeigepflichten festgelegt werden.
4. Von der Staatlichen Versicherung kann die Entschädigung vermindert werden, wenn eine vorsätzliche oder grobfahrlässige Verletzung dieser Pflichten Einfluß auf den Eintritt, die Feststellung oder den Umfang des Schadens gehabt hat. Anstelle der Verminderung der Entschädigung wird bei derartigen Pflichtverletzungen in der Haftpflichtversicherung ein entsprechender Teil des an den Geschädigten geleisteten Betrages vom Betrieb zurückgefordert.

§ 5 Schadenfeststellung

1. Die Staatliche Versicherung hat unverzüglich nach der Anzeige des Schadenfalles die erforderlichen Maßnahmen zur Feststellung ihrer Leistungsverpflichtung zu treffen. Die Feststellung von Schäden an Bodenerzeugnissen ist im allgemeinen spätestens bis zum Abschluß der Ernte vorzunehmen. Sind in besonderen Fällen weitere Feststellungen zur Ermittlung der Höhe des Schadens nach der Ernte notwendig, erfolgt die Schadenfeststellung unverzüglich nach Vorliegen dieser Ergebnisse.
2. Das Ergebnis der Schadenfeststellung ist verbindlich:
   a) für die Betriebe, wenn sie es durch Unterschrift anerkannt haben oder nicht innerhalb eines Monats nach Mitteilung des Ergebnisses schriftlich Einspruch erheben,
   b) für die Staatliche Versicherung, sobald sie den Betrieben die Höhe der Entschädigung schriftlich mitgeteilt hat.

§ 6 Zahlung der Entschädigung

1. Die Zahlung der Entschädigung erfolgt, wenn in den Versicherungsbedingungen nichts anderes festgelegt ist, an den Betrieb.
2. Die Entschädigung ist 2 Wochen nach Eingang der vollständigen, die Entschädigung begründenden, Nachweise fällig. Weist die Staatliche Versicherung nach, daß ihre Feststellungen zur Leistungspflicht dem Grund und der Höhe nach noch nicht abgeschlossen werden konnten, wird die Entschädigung 2 Wochen nach Abschluß der Feststellungen fällig.
3. Kann die Höhe der Entschädigung innerhalb eines Monates nach Anzeige des Schadenfalles — bei Schäden an Bodenerzeugnissen zum Zeitpunkt der Ernte —

nicht festgestellt werden, so kann der Betrieb eine Abschlagszahlung in Höhe des Betrages verlangen, der nach Lage der Sache mindestens zu zahlen ist.

4. Bei nicht fristgemäßer Zahlung der Entschädigung können die Betriebe Verzugszinsen in Höhe von 5% jährlich fordern.

§ 7 Begriffsbestimmungen und Entschädigungsnormen

Die vom Hauptdirektor der Staatlichen Versicherung mit dem Vorsitzenden des Landwirtschaftsrates der Deutschen Demokratischen Republik herausgegebenen Begriffsbestimmungen und Entschädigungsnormen sind für die Auslegung der Versicherungsbedingungen bzw. die Festsetzung der Versicherungsleistung verbindlich.

§ 8 Inkrafttreten

Diese Anordnung tritt am 1. Juli 1968 in Kraft. Die freiwilligen Versicherungen für Bodenerzeugnisse (Anlagen 7 bis 11) können schon vor diesem Zeitpunkt für das Erntejahr 1968 abgeschlossen werden.

Berlin, den 22. Mai 1968

Der Vorsitzende
des Landwirtschaftsrates
der Deutschen Demokratischen Republik

gez. Ewald

Minister

Der Minister
der Finanzen

gez. i. V. Kaminsky

Staatssekretär und Erster Stellvertreter
des Ministers

Anlage 7
zu vorstehender Anordnung

Bedingungen für die freiwillige Versicherung gegen Schäden an Bodenerzeugnissen durch Pflanzenschutzmittel der sozialistischen Betriebe der Landwirtschaft, Nahrungsgüterwirtschaft und Forstwirtschaft

§ 1 Umfang des Versicherungsschutzes

1. Die Staatliche Versicherung der DDR (nachstehend Staatliche Versicherung genannt) versichert die feldmäßig, gärtnerisch und in Forstbaumschulen angebauten Bodenerzeugnisse des laufenden Erntejahres für den Schaden,
   a) der durch die Anwendung staatlich anerkannter Pflanzenschutzmittel entsteht und der 20% des ohne Schaden zu erwartenden Erlöses des behandelten Feldstückes oder Quartieres übersteigt,
   b) der dadurch entsteht, daß die angegebene Wirkung eines staatlich anerkannten Unkrautbekämpfungsmittels nicht eintritt. Bei diesen Schäden werden nur die Kosten für das Unkrautbekämpfungsmittel und für dessen Anwendung entschädigt.

2. Nicht versichert sind Schäden
   a) an der Nachfrucht,
   b) durch Nichtbeachtung der Anwendungsvorschriften,
   c) durch unsachgemäße Wartung, Pflege und Reinigung der Geräte.

§ 2 Höhe der Entschädigung

1. Die Höhe der Entschädigung beträgt 100% des errechneten Schadenbetrages.
2. Auf die Entschädigung werden angerechnet:
   a) die von der Staatlichen Versicherung im laufenden Jahr auf Grund der Anordnung vom 22. Mai 1968 über die Bedingungen für die Pflichtversicherung der sozialistischen Betriebe der Landwirtschaft, Nahrungsgüterwirtschaft und Forstwirtschaft – Sachversicherung und Kraftfahr-Haftpflicht-Versicherung – gezahlten Entschädigungen für die jeweilige Kultur,
   b) die infolge eines Schadenereignisses nicht verbrauchten Kosten für die Pflege, Ernte usw.
   c) der durch Anbau einer Ersatzkultur erzielte Erlös unter Abzug der entstandenen Kosten. Sind die Kosten höher als der Erlös, werden die den Erlös übersteigenden Kosten nicht entschädigt.

§ 3 Verhaltenspflicht

Der Betrieb ist verpflichtet, schriftliche Unterlagen über den Wareneingang und die Verwendung der Pflanzenschutzmittel, den Behandlungszeitpunkt, die Aufwandmenge, den Wasserverbrauch und das eingesetzte Gerät zu führen.

13. Literaturverzeichnis

ÅBERG, E.: 1964, Susceptibility: factors in the plant modifying the response of a given species to treatment. – The Physiol. and Biochem. of Herbicides, ed. by L. J. AUDUS, London/New York, 401–422.

ADDICOTT, F. T., und H. R. CARNS: 1964, Abscission responses to herbicides. – The Physiol. and Biochem. of Herbicides, ed. by L. J. AUDUS, London/New York, 277–289.

ALKÄMPER, J.: 1964, Windhalmbekämpfung in Winterweizen mit Simazin und Atrazin. – Ges. Pflanzen **16**, 64–68.

– 1965, Das Schadbild von Simazin an Zuckerrüben. – Nachr. Bl. dtsch. Pflanzenschutzdienstes (Braunschweig) **17**, 102–103.

Anonym: 1969, Arbeits- und Brandschutzanordnung (ASA) 108 – Pflanzenschutz- und Schädlingsbekämpfungsmittel –, vom 2. 7. 1969. – Gesetzblatt DDR II. Nr. 52, 345–350.

AUDUS, L. J.: Hrsg., 1964, The Physiology and Biochemistry of Herbicides. – London/New York, Academic Press.

AUKEMA, J. J.: 1958, De beschadigung van vlas door chloor-IPC. – Proefstat. voor de Akker- en Weidebouw Wageningen, Meded. No. 18.

BACHTHALER, G., und R. DIERCKS: 1968, Chemische Unkrautbekämpfung auf Acker und Grünland. Bayrischer Landwirtschaftsverlag München, 2. Aufl.

BANTING, J. D.: 1967, Factors affecting the activity of di-allate and tri-allate. – Weed Res. **7**, 302–315.

BECKER, A.: 1961, Hat die Wuchsstoffbehandlung zur Unkrautbekämpfung im Getreide Einfluß auf den Saatgutwert? – Ges. Pflanzen **13**, 108–111.

– 1964, Getreideschäden durch starke Alipurverunreinigung bei Wuchsstoffspritzung. – Z. Pflanzenkrankh. (Pflanzenpath.) Pflanzenschutz, Sonderh. **2**, 199–201.

BECKER, H. G.: 1966, Der Einfluß vor der Aussaat in den Boden eingebrachter Triazine auf ertragsbildende Faktoren bei Sommergerste und Hafer. – Nachr.-Bl. dtsch. Pflanzenschutzdienst (Berlin) N. F. **20**, 52–56.

BEINHAUER, H.: 1958, Die Wirkung von TCA und Dalapon auf Unkräuter und Kulturpflanzen. – Kungl. Lantbruks-Högskolans Annaler **24**, 431–461.

BEUTLER, L., und B. FISCHER: 1967, New developments in chemical weed control for fall and winter planted beets. – Spreckels Sugar Beet Bull. **31**, 28–30.

BLASSE, W.: 1956, Auch im Obstbau ist Vorsicht geboten. – Neuer Deutscher Obstbau **2**, 101.

BÖTTNER, E.: 1967, Untersuchungen zu einigen Problemen der Nachwirkung von Chlorpropham auf behandelten Zwiebel- und Möhrenflächen. – Diss. Bernburg.

BRUINSMA, J.: 1962, The effect of 4,6-dinitro-o-cresol (DNOC) on growth, development and yield of winter cereal rye (*Secale cereale* L.). – Weed Res. **2**, 73–89.

BUHL, C.: 1958, Wuchsstoffschäden durch 2,4-D + 2,4,5-T-Ester an Runkel-Rüben. – Z. Pflanzenkrankheiten (Pflanzenpath.) Pflanzenschutz **65**, 529–534.

BUHL, C.: 1969, Doppel- und Knäuelähren bei Winterroggen, hervorgerufen durch erhöhte Kalkstickstoffdüngung. – Z. Pflanzenkrankh. (Pflanzenpath.) Pflanzenschutz **76**, 92–93.

BUKA, A. JA., und S. A. VERTIJ: 1967, Vlijanie posledejstvija gerbicidov na urožai i chlebopekarnye kačestva zerna ozimoj pšenicy. – Trudy Charkovskogo SCHI im. V. V. Dokučaeva Nr. 69, S. 29–38.

ČAČA, Z.: 1967, Schäden an Zuckerrübenblättern durch wuchsstoffhaltige Herbizide. – Nachr.-Bl. dtsch. Pflanzenschutzdienstes (Braunschweig) **19**, 161–162.

CARPENTIER, K., und C. WILSON: 1956, The relative toxicity of MCPB, 2,4-DB and MCPA to cereals. – 3rd Brit. Weed Contr. Conf., Proc., 417–422.

DAME: 1964, Ein Beitrag über zwei ungewöhnliche und seltene Wuchsstoffschäden an Gerste bzw. Weizen. – Ges. Pflanzen **16**, 141–143.

DAVIES, P. J., D. S. H. DRENNAN, J. D. FRYER und K. HOLLY: 1967, The basis of the differential phytotoxicity of 4-Hydroxy-3,5-di-iodobenzonitrile. I. The influence of spray retention and plant morphology. – Weed Res. **7**, 220–233.

DIEHL, O.: 1964, Über Schäden in Nachbarkulturen durch Mecoprop (CMPP). – Nachr.-Bl. dtsch. Pflanzenschutzdienstes (Braunschweig) **16**, 26–28.

ELLERN, S. J., und A. MARANI: 1964, The influence of dalapon on growth and development of autumn-sown sugar beet. – Weed Res. **4**, 223–228.

ENGEL, H.: 1965, Der Stengelbruch und ähnliche Schäden am Mais. – Nachr.-Bl. dtsch. Pflanzenschutzdienstes (Braunschweig) **17**, 113–116.

FABER, H.: 1958, Unkrautbekämpfung in Ziergehölzquartieren und Baumschulsaatbeeten. – Mitt. Biol. Bundesanst. Land- u. Forstwirtsch. (West-) Berlin-Dahlem Nr. 97, 144 bis 148.

FEUCHT, W., und K. WIESNER: 1968, Chemische Unkrautbekämpfung mit dem Simazinpräparat „Unkrautbekämpfungsmittel W 6658" in Beständen von Zuckerrübensamenträgern. – Nachr.-Bl. dtsch. Pflanzenschutzdienst (Berlin) N.F. **22**, 91–98.

FEYERABEND, G.: 1967, Neue Erkenntnisse zum optimalen Anwendungstermin von Herbiziden in der Feldwirtschaft. – Nachr.-Bl. dtsch. Pflanzenschutzdienst (Berlin) N.F. **21**, 27–29.

–, CHR. MENZEL und A. WILDNER: 1961, Untersuchungen über die Wirkungen von Herbiziden auf Unkräuter, Ertrag, Strohgütemerkmale und Faserwerte bei Faserlein. – Nachr.-Bl. dtsch. Pflanzenschutzdienst (Berlin) N.F. **15**, 91–102.

FISHER, D. A., D. E. BAYER und T. E. WEIER: 1968, Morphological and anatomical effects of picloram on *Phaseolus vulgaris*. – Bot. Gaz. **129**, 67–70.

FLETCHER, J. T.: 1968, The effect of picloram on tomatoes and cucumbers. – Weed Res. **8**, 153–155.

FRYER, J. D., und S. A. EVANS: Hrsg., 1968, Weed control handbook. Vol. 1 und 2, Blackwell Scientific Publications, Oxford, 5. Aufl.

GÄRTEL, W.: 1963, Schädigungen an Reben durch 2,2-Dichlorpropionsäure (Dalapon). – Weinberg und Keller, **10**, 93–102.

GERANMAYEH, R.: 1964, Einfluß von 2,4-D auf Wachstum, Knöllchenbildung und N-Gehalt von *Vicia faba*. – Planta **62**, 66–87.

GODDRIE, P. D.: 1968, Rubberhout en chemische onkruidbestrijding. – Fruitteelt **58**, 189.

GOROCHOVA, P. P., und O. M. AFANASJEVA: 1969, Posledejstvie simazina i atrazina (2 Kg/ga) na urožaj sel'skochosjajstvennych kul'tur na vtoroj i tretij god posle primenenija etich preparatov. – ILID-Referatekartei Unkrautbekämpfung 259/1969.

GORTER, CHR. J., und W. VAN DER ZWEEP: 1964, Morphogenetic effects of herbicides. – The Physiol. and Biochem. of Herbicides, ed. by L. J. AUDUS, London/New York 235–275.

HAFNER, K.: 1963, Einfluß einiger wichtiger Wuchsstoffherbizide und Triazin-Verbindungen auf das Getreide bei vorhandener und fehlender Unkrautkonkurrenz. – Diss. Landw. Hochschule Hohenheim.

HAMANN, W.: 1969a, Bericht über die im Jahre 1968 durch Spritz-Hormest und Voraussaat-Herbizid Bi 3411 verursachten Schäden an Kulturpflanzen. – Nachr.-Bl. dtsch. Pflanzenschutzdienst (Berlin) N. F. **23**, 65–68.

– 1969b, Herbizid-Anwendung in Hackfrüchten. – Feldwirtschaft **10**, 166–167.

–, und Autorenkollektiv: 1969c, Empfehlungen zur chemischen Unkrautbekämpfung, Berlin, Urania, Sekt. Agrarwissenschaften und Chemie, 2. Aufl.

HANF, M.: 1956, Die Wirkung wuchsstoffhaltiger Unkrautbekämpfungsmittel auf das Getreide unter besonderer Berücksichtigung von Anwendungszeit und Ernährungszustand. – Mitt. Biol. Bundesanst. f. Land- u. Forstwirtsch. (West-) Berlin-Dahlem, Heft 85, 189–193.

– 1957, Über die Änderung der Blattformen von Dicotyledonen durch Dichlorphenoxyessigsäure (2,4 D). – Beitr. Biol. Pflanzen **33**, 177–218.

– 1958, Wuchsstoffbedingte Anomalien bei Getreideinfloreszenzen. – Beitr. Biol. Pflanzen **34**, 19–33.

HEADFORD, D. W. R., und G. DOUGLAS: 1967, Tuber necrosis following the desiccation of potato foliage with diquat. – Weed Res. **7**, 131–144.

HEICHLER, K.: 1965, Harnstoffderivate zur Unkrautbekämpfung im Getreidebau. – Ges. Pflanzen **17**, 160–165.

HEITEFUSS, R., und H. BODENDÖRFER: 1968, Der Einfluß von Herbiziden und Kalkstickstoff auf den durch *Cercosporella herpotrichoides* Fron verursachten Halmbruch des Weizens. – Z. Pflanzenkrankh. (Pflanzenpath.) Pflanzenschutz **75**, 641–659.

HELM, A.: 1964, Schäden durch Wuchsstoffherbizide im Obst- und Weinbau. – Obstbau **4**, 141–144.

HOLLOWAY, R. C.: 1960, A progress report of trials with simazine and monuron on some fruit plants. – 5th Brit. Weed Contr. Conf., Proc., 367–371.

HOLLY, K.: 1962, The response of the potato to a range of soil acting herbicides. – 6th Brit. Weed Contr. Conf., Proc., 681–696.

HOLMES, H. M., und R. K. PFEIFFER: 1962, Some aspects of the use of barban for wild oat control in winter wheat. – Weed Res. **2**, 110–121.

HOLZ, W.: 1957, Schäden an Wintergerste nach DNC-Wuchsstoffspritzung. – Mitt. Biol. Bundesanst. Land- u. Forstwirtsch. (West-) Berlin-Dahlem **87**, 107–110.

HORNIG: 1968, Erfahrungen mit Patoran (Metobromuron) zur Unkrautbekämpfung in Buschbohnen. – Ges. Pflanzen **20**, Nr. 3.

– und FRANZ: 1969, Weitere Erfahrungen mit Metobromuron (Patoran) zur Unkrautbekämpfung in Buschbohnen. – Ges. Pflanzen **21**, 70–72.

IVANENKO, A. S.: 1968, Dejstvie i posledejstvie natrievoj soli 2,4-D na jarovuju pšenicu. – Chimija v sel'skom chozjajstve, Moskva, **6**, 37–39.

KABIERSCH, W.: 1967, Beiträge zum Schadensrisiko bei der Praxisanwendung von Herbiziden. – Nachr.-Bl. dtsch. Pflanzenschutzdienstes (Braunschweig) **19**, 1–4.

KAMPE, W.: 1967, Wirkung und Kulturverträglichkeit von Kohlherbiziden. – Z. Pflanzenkrankh. (Pflanzenpath.) Pflanzenschutz **74**, 666–671.

KARIM, A., und A. D. BRADSHAW: 1968, Genetic variations in simazin resistance in wheat, rape and mustard. – Weed Res. **8**, 283–291.

KARNATZ, H.: 1964, Weitere Versuchsergebnisse bei der Bekämpfung von Ungräsern in Obstanlagen. – Mitt. Obstbauversuchsringes Alten Landes **19**, 109–117.

KARNATZ, H.: 1967, Untersuchungen über die Toleranz einiger Herbizidwirkstoffe zu neugepflanzten Apfelbäumen. – Mitt. Obstbauversuchsringes Alten Landes **22**, 467–473.

KINGHAM, H. G., und J. T. FLETCHER: 1963, The effects of MCPA and 2,3,6-TBA on glasshouse cucumbers. – Weed Res. **3**, 242–245.

KÖHLER, S.: 1968, Wuchsstoffschädigungen über die generative Phase durch Abdriftwirkungen eines 2,4-D-Herbizides vom Flugzeug aus. – Nachr.-Bl. dtsch. Pflanzenschutzdienst (Berlin) N. F. **22**, 29–32.

KRÜGER, H.: 1961, Anwendung und Wirkung verschiedener Herbizide in Saatplatterbsen (*Lathyrus sativus*). – Nachr.-Bl. dtsch. Pflanzenschutzdienst (Berlin) N. F. **15**, 175–178.

– 1964, Beitrag zur Queckenbekämpfung im Kartoffelbau mit Natriumtrichlorazetat. – Z. Pflanzenkrankh. (Pflanzenpath.) Pflanzenschutz, Sonderh. **1**, 49–53.

KRŬSTEVA, M.: 1967, Possible use of simazin and atrazin herbicides in fruit plantings. – Ovoštarstvo **14**, 32–34.

– 1968, Die Wirkung der Triazinherbizide Simazin und Atrazin auf junge Pflaumenbäume. – Gradinarska i lozarska nauka, Sofija, **5**, 47–52.

KÜHNEL, W.: 1957, Wuchsstoffschäden an Rosenkohl. – Nachr.-Bl. dtsch. Pflanzenschutzdienst (Berlin) N. F. **11**, 224–225.

KURTH, H.: 1958, Der Wert substituierter Phenoxybuttersäurederivate als Herbizide. – Nachr.-Bl. dtsch. Pflanzenschutzdienst (Berlin) N. F. **12**, 114–118.

– 1968, Chemische Unkrautbekämpfung Jena, 3. überarb. Aufl.

–, und E. STREUBER: 1967, Untersuchungen über die Vorverlegung des Anwendungstermins der Wuchsstoffherbizide Herbicid Leuna M und Herbicid Leuna Meck in Sommergetreide. – Nachr.-Bl. dtsch. Pflanzenschutzdienst (Berlin) N. F. **21**, 214–218.

LANGE, A. H., und J. C. CRANE: 1967, The phytotoxicity of several herbicides to deciduous fruit tree seedlings. – Proc. Amer. Soc. hort. Sci. **90**, 47–55.

LEIBER, E.: 1964, Chemische Unkrautbekämpfung im Zierpflanzenbau. – Ges. Pflanzen **16**, 202–207.

LIEBSTER, G.: 1959, CMU-Schäden an Apfelbäumen. – Erwerbsobstbau **1**, 134.

LÖTTGE, W.: 1968, Hinweise für die Unkrautbekämpfung im Markstammkohl mit Topusyn. – Feldwirtschaft **9**, 126–128.

LOEWEL, E. L. und H. J. MOHS: 1958, Zur Unkrautbekämpfung im Obstbau. – Mitt. Obstbauversuchsringes Alten Landes **13**, 261.

LÜDECKE, H.: 1955, Eine seltene, im Jahre 1955 häufiger aufgetretene Wachstumsstörung an Zuckerrüben. – Nachr.-Bl. dtsch. Pflanzenschutzdienstes (Braunschweig) **7**, 201–202.

MAES, E., und J. STRYCKERS: 1966, Der mögliche Einfluß von Herbiziden auf die Backqualität von Weizen. – Getreide Mehl **16**, 81–83.

MAIER-BODE, H.: 1970, Herbizid-Rückstände in Ernteprodukten. – Z. Pflanzenkr. (Pflanzenpath.) Pflanzenschutz, Sonderh. V, 71–76.

– 1970, Pflanzenschutzmittel-Rückstände – Herbizide. – Stuttgart, Verlag E. Ulmer.

MARCUS, O.: 1968, Schäden durch Wuchsstoffherbizide auf 2,4-D-und Mecoprop-Grundlage an Zuckerrüben. – Nachr.-Bl. dtsch. Pflanzenschuztdienstes (Braunschweig), **20**, 107–109.

MARTIN, H.: 1968, Pesticide Manual. Brit. Crop Protection Council, London.

MÖHL, S.: 1967, Erfahrungen bei der Unkrautbekämpfung mit 2,4-D, MCPA, MCPB, 2,4-DB, CMPP und 2,4-DP in Getreide, Leguminosen und Kartoffeln. – Wiss. Erfahrungsaustausch über Unkrautbekämpfung 1966 (hrsg. 1967), 25–32.

MÜLLER, E. W.: 1967, Ratgeber für die Unkrautbekämpfung im Gartenbau. Internat. Gartenbau-Ausstellung Erfurt.

MYERS, M. H.: 1953, Abnormalities produced by early applications of MCPA and 2,4-D to cereal crops and their pre- and postheading examination. — 1st Brit. Weed Contr. Conf., Proc. 63—70.

NEURURER, H.: 1960, Halmverkürzung bei Roggen durch Spritzung mit MCPP-Mitteln. — Pflanzenarzt, Wien **13**, 121—122.

— 1961, Nachwirkung der vorjährigen Simazin- und Gesaprimspritzung zu Mais. — Pflanzenarzt, Wien, **14**, 76—77.

— 1962, Chemische Unkrautbekämpfung in Leguminosen unter besonderer Berücksichtigung der Pflanzenverträglichkeit und der Konservierbarkeit von Erbsen. — Pflanzenschutzberichte, Wien, **28**, 97—117.

ORTH, H.: 1962, Chemische Unkrautbekämpfung im Gartenbau. Bayrischer Landwirtschaftsverlag München.

— 1965, Untersuchungen über die Wirkung und Nachwirkung der 2-Methoxy-3,6-dichlorbenzoesäure Mediben. — Z. Pflanzenkrankh. (Pflanzenpath.) Pflanzenschutz, Sonderh. **3**, 145—147.

— 1967, Prüfung der Phytotoxizität von Pre-Emergence-Herbiziden durch Wurzeltest. — Nachr.-Bl. dtsch. Pflanzenschutzdienstes (Braunschweig) **19**, 177—181.

OVERBEEK, J. VAN: 1964, Survey of mechanisms of herbicide action. — The Physiol. and Biochem. of Herbicides, ed. by L. J. AUDUS, London/New York, 387—400.

PISSAREVA, M. G.: 1959, Herbizide im Obstbau. — Sad i ogorod Nr. 3, 50—52.

RADEMACHER, B., und K. HAFNER: 1965, Zur Abhängigkeit möglicher Schäden durch Wuchsstoff-Herbizide vom Standort bei Getreide. — Z. Pflanzenkrankh. (Pflanzenpath.) Pflanzenschutz **72**, 276—281.

REYNOLDS, J. D.: 1960, Reaction of pea varieties to commonly used herbicides. — 5th Brit. Weed Contr. Conf., Proc., 101—113.

ROBERTS, H. A., und B. J. WILSON: 1961, Chemical weed control in spring sown broad beans. — Weed Res. **1**, 289—300.

ROBINSON, D. W.: 1960, Experiments with simazine and other herbicides in soft fruit crops. — 5th Brit. Weed Contr. Conf., Proc., 357—366.

ROTH, R.: 1967, Untersuchungen über den Einfluß der chemischen Unkrautbekämpfung auf die Qualität der Speisekartoffeln. Diss. Univ. Jena.

SAGHIR, A. R., und A. H. CHOUDHARY: 1967, Triazine herbicides on maize and their residual effects on following crops. — Weed Res. **7**, 272—280.

ŠČEGLOV, JU. V., und Mitarb.: 1967, Gerbicidnaja aktivnost' i sintez piklorama i nekotorych drugich proizvodnych 2-pikolina. — Agrochimija, Moskva, Nr. 5, 105—116.

SCHMIDT, K. H.: 1967, Untersuchungen über die Auswirkungen einer Herbizidanwendung in Kartoffeln nach dem Auflaufen der Pflanzen im Vergleich zu einer fristgemäßen Applikation. — Dipl. Arb. Univ. Jena.

SCHRÖDER, G., und H. PETTER: 1969, Zur Anwendung von Topusyn im Futterkohlanbau. — Nachr.-Bl. dtsch. Pflanzenschutzdienst (Berlin) N. F. **23**, 134—138.

SCHWÄR, C., H. WISSEL und R. OTTO: 1966, Beobachtungen von morphologischen Veränderungen durch 2,4-D an gärtnerischen und einigen landwirtschaftlichen Kulturpflanzen. — Nachr.-Bl. dtsch. Pflanzenschutzdienst (Berlin) N. F. **20**, 182—183.

—, und K. ZIEMER: 1967, Untersuchungen über das Verhalten von Chlorpropham-Spritzemulsionen im Boden. — Nachr.-Bl. dtsch. Pflanzenschutzdienst (Berlin) **21**, 29—32.

STETTMEIER, W.: 1958, Erfahrungen mit Simazin im Gartenbau. — Pflanzenschutz **10**, 123—124.

STEUDEL, W., und R. JACOB-HAUPT: 1965, Blattmißbildungen bei jungen Rüben nach Anwendung von Diallate vor der Aussaat. – Nachr.-Bl. dtsch. Pflanzenschutzdienstes (Braunschweig) **17**, 40–42.

STRYCKERS, J.: 1960, Bijdrage tot de kennis van de werkingswijze van synthetische groeistoffen met phytotoxische eigenschappen. – Mededelingen landbouwhogeschool opzoekingsstations van de staat te Gent **15**, 735–760.

SWANSON, C. R., und H. R. SWANSON: 1968, Inhibition of degradation of monuron in cotton leaf tissue by carbamate insecticides. – Weed Sci. **16**, 481–484.

VERNIÉ, F., J. LHOSTE und A. CASANOVA: 1966, Résultats d'essais de désherbage du blé d'hiver avec le piclorame. – Weed Res. **6**, 322–331.

VOJEVODIN, A. V., und Ž. V. POPOVA: 1965, Beständigkeit der di-, tri- und tetraploiden Zuckerrüben gegen Herbizide. – Chimija v sel'skom choz. Nr. **9**, 47–51.

VOJTECHOVA, V. A.: 1968, Čuvstvitel'nost' rastenij k atrazinu v zavisimosti ot mineral'nogo pitanija. – Agrochimija, Moskva, Nr. **7**, 94–98.

WAGNER, F.: 1969, Der Einfluß von Herbiziden auf die Anfälligkeit von Mais für den Beulenbrand (*Ustilago zeae*). – Ges. Pflanzen **21**, 156–157.

WAY, J. M.: 1962, The effects of sublethal doses of MCPA on the morphology and yield of vegetable crops. – I. Lettuce. – Weed Res. **2**, 233–246.

– 1963a, II. Cabbage, cauliflower and brussels sprouts. – Weed Res. **3**, 11–25.

– 1963b, III. Carrots and parsnips. – Weed Res. **3**, 98–108.

– 1963c. IV. French and broad beans. – Weed Res. **3**, 312–321.

– 1964a, V. Beet, Spinach, turnip and onion. – Weed Res. **4**, 12–23.

– 1964b, VI. Comparison with 2,4-D, 2,4,5-T, Mecoprop and 2,3,6-TBA. – Weed Res. **4**, 319–357.

WÖSTMANN, E.: 1959, Unkrautbekämpfungsversuche in *Erica gracilis*. – Ges. Pflanzen **11**, 139–141.

WOOD, C. A., und J. P. SUTHERLAND: 1958, Preliminary trials of weedkillers in raspberry cane nurseries. – 4th Brit. Weed Contr. Conf., Proc., 104–108.

ZEMÁNEK, J.: 1965, Studium vlivu triazine vych herbicidů na následné plodiny. – Ochr. Rostl. **2**, 9–16.

ZWEEP, W. VAN DER, und I. L. P. VAN OORSCHOT: 1970, Neue Forschungsergebnisse über Wirkungsweise und Verhalten von Herbiziden in Pflanzen. – Z. Pflanzenkr. (Pflanzenpath.) Pflanzenschutz, Sonderh. V (1970), 61–70.

14. Sachregister

FSC
www.fsc.org
MIX
Papier | Fördert gute Waldnutzung
FSC® C083411

Zeitfracht Medien GmbH
Ferdinand-Jühlke-Straße 7
99095 Erfurt, Deutschland
produktsicherheit@kolibri360.de